高寒草甸生态系统
对模拟氮沉降响应研究

詹伟　范永申　李鹏慧　欧阳海滨　著

中国水利水电出版社
www.waterpub.com.cn
·北京·

内 容 提 要

本书以高寒草甸退化为背景，以氮沉降对生态系统的影响为切入点，设置不同的模拟氮沉降梯度：对照 CK（不添加氮）、低氮 N10 [10kg/(hm² · a)]、中氮 N20 [20kg/(hm² · a)]、高氮 N40 [40kg/(hm² · a)] 和极高氮 N80 [80kg/(hm² · a)]；同时也根据氮沉降的不同形态选择了 Nred（NH_4Cl）、Nox（$NaNO_3$）和混合添加 NAN（NH_4Cl + $NaNO_3$）作为三种不同形态的模拟氮沉降处理，结合测定分析 2015—2019 年连续 5 年的群落地上生物量，群落多样性指标，土壤 C、N、P 元素化学计量分析及微生物群组多样性分析，以期解释高寒草甸在不同氮沉降格局下的差异和高寒草甸调控碳氮分布的作用机理，为青藏高原退化草甸的生态恢复和植物种群调控提供一定的参考和依据。

本书可供研究青藏高原生态系统的生态学家以及研究氮沉降和植被群落结构的科研人员阅读，也可供高等院校相关专业师生与生态研究人员参考。

图书在版编目（C I P）数据

高寒草甸生态系统对模拟氮沉降响应研究 / 詹伟等著. -- 北京：中国水利水电出版社，2023.10
ISBN 978-7-5226-1878-4

Ⅰ. ①高… Ⅱ. ①詹… Ⅲ. ①氮-沉降-影响-寒冷地区-草甸-生态系-研究 Ⅳ. ①S812.3

中国国家版本馆CIP数据核字(2023)第204902号

书 名	高寒草甸生态系统对模拟氮沉降响应研究 GAOHAN CAODIAN SHENGTAI XITONG DUI MONI DAN CHENJIANG XIANGYING YANJIU
作 者	詹 伟 范永申 李鹏慧 欧阳海滨 著
出版发行	中国水利水电出版社 （北京市海淀区玉渊潭南路 1 号 D 座 100038） 网址：www.waterpub.com.cn E-mail：sales@mwr.gov.cn 电话：(010) 68545888（营销中心）
经 售	北京科水图书销售有限公司 电话：(010) 68545874、63202643 全国各地新华书店和相关出版物销售网点
排 版	中国水利水电出版社微机排版中心
印 刷	北京中献拓方科技发展有限公司
规 格	184mm×260mm 16 开本 6.25 印张 130 千字
版 次	2023 年 10 月第 1 版 2023 年 10 月第 1 次印刷
定 价	**68.00 元**

主 要 符 号 对 照 表

符号	英文释义	中文释义
PFG	Plant Functional Group	植物功能群
R	Richness index	Patrick 丰富度指数
H	Diversity index	Shannon-Wiener 多样性指数
J	Evenness index	Pielou 均匀度指数
Nred	Ammonium chloride（NH_4Cl）	氯化铵
Nox	Sodium nitrate（$NaNO_3$）	硝酸钠
NAN	Ammonium nitrate（$NH_4Cl+NaNO_3$）	氯化铵＋硝酸钠
AGB	Aboveground Biomass	地上部生物量
UGB	Underground Biomass	地下部生物量
ANPP	Aboveground net primary production	地上净初级生产力
TC	Total Carbon	全量碳素
TN	Total Nitrogen	全量氮素
DOC	Dissolved organic carbon	可溶性有机碳
DON	Dissolved organic nitrogen	可溶性有机氮
SOC	Soil organic carbon	土壤有机碳
MBC	Microbial biomass carbon	微生物生物量碳
MBN	Microbial biomass nitrogen	微生物生物量氮
C：N	C/N ratio	土壤碳氮比
CH_4	Methane	甲烷
CO_2	Carbon dioxide	二氧化碳
N_2O	Nitrous oxide	氧化亚氮

主要符号对照表

前 言
FOREWORD

由于农业肥料以及化石燃料的使用，陆地的大气氮沉降水平呈现持续的增多。作为陆地生态系统中对物种间的竞争、生态系统的多样性以及功能具有调控作用的重要元素，氮的增加改变了陆地生态系统的碳氮循环，并对生态系统的结构、功能有显著影响。近年来，随着大气氮沉降水平的增加和气候变化的改变，高寒草甸逐渐发生退化，其生态系统的稳定性和对碳氮的固定能力受到威胁。目前，关于大气氮沉降的强度对高寒草甸生态系统结构和功能的影响的研究尚无统一的定论，且有关高寒草甸植被—土壤生态系统对不同氮沉降形态的响应的研究更是了解甚少。

本书以高寒草甸退化为背景，以氮沉降对生态系统的影响为切入点，设置对照 CK（不添加氮）、低氮 N10 [10kg/(hm² · a)]、中氮 N20 [20kg/(hm² · a)]、高氮 N40 [40kg/(hm² · a)] 和极高氮 N80 [80kg/(hm² · a)]；同时也根据氮沉降的不同形态选择了 Nred（NH_4Cl）、Nox（$NaNO_3$）和混合添加 NAN（$NH_4Cl+NaNO_3$）作为氮添加的不同形式，结合测定分析 2015—2019 年连续 5 年的群落地上生物量，群落多样性指标，土壤 C、N、P 元素化学计量分析及微生物群组多样性分析，以期解释高寒草甸在不同氮沉降格局下的差异和高寒草甸调控碳氮分布的作用机理，为青藏高原退化草甸的生态恢复和植物种群调控提供一定的参考和依据。

具体成果如下：

（1）经过 5 年的模拟氮沉降试验，青藏高原高寒草甸群落地上生物量对极高浓度的氮添加响应最高，而低氮浓度的氮添加对地上生物量的促进作用最低，同时年际间的差异较大。不同的氮添加形态对地上生物量的增加影响不明显。NAN 形态氮添加对生物量的促进作用最强，而 Nox 形态的氮添加对群落生物量的促进作用最弱，可能与高寒草甸群落中不同植物类型对不同形态氮素的吸收偏好性不同所致。

（2）氮添加对群落多样性的影响在试验初期不显著，而在试验后期表现出显著的趋势。在五年的实验监测中，随着氮添加浓度的提高，群落中物种的丰富度指数、Shannon 指数和均匀度指数均呈现明显的单峰曲线趋势，表明群落中的植物物种构成逐渐趋向单一化，其主要原因是群落中竞争优势较大的禾草功能群物种丰度有所增加。

（3）不考虑氮沉降形态的作用时，中氮处理（N20）为功能群相对盖度发生转变的一个关键拐点。低于 $20kg/(hm^2 \cdot a)$ 的氮添加处理表现为减少了禾草功能群的相对盖度，而增加了杂类草功能群的相对盖度，而在氮添加高于 $20kg/(hm^2 \cdot a)$ 时，氮沉降的增加会增加禾草功能群的相对盖度，而减少杂类草功能群的相对盖度。模拟氮沉降的增加在试验后期明显提高了禾草功能群的相对高度，降低了莎草功能群的相对高度，对杂类草功能群的相对高度没有明显的影响。

（4）氮添加梯度对表层土壤的铵态氮、速效磷、DOC、MBC、MBN、TC、TN 含量和 C∶N 的影响无显著差异，而对土壤 pH、硝态氮、DON 含量的影响存在显著差异。氮添加不同对表层土壤的铵态氮、速效磷、DOC、MBC、MBN、TC 和 TN 含量和 C∶N 的影响无显著差异，仅对表层土壤硝态氮和 DON 含量的影响存在显著差异。

（5）氮沉降的增加均显著促进了 CH_4 的排放，但是促进作用的强弱因不同的氮素形态而存在差异。适度的硝态氮添加对高寒草甸土壤 CO_2 的排放有显著促进作用，而随着氮沉降浓度的增加，促进作用被抑制。铵态氮以及混合氮添加对高寒草甸土壤 CO_2 的排放没有显著影响。高寒草甸土壤 N_2O 排放表现出较大的季节差异性，硝态氮以及混合氮添加显著促进了高寒草甸土壤 N_2O 的排放，而铵态氮的添加对高寒草甸土壤 N_2O 的排放没有显著影响。

综上所述，本研究发现青藏高原高寒草甸植被—土壤系统对不同浓度和不同形态的模拟氮沉降的响应存在差异性。$20kg/(hm^2 \cdot a)$ 的氮添加浓度是一个关键拐点，高浓度的氮添加导致了高寒草甸植被群落结构的改变和多样性的降低。三种形态的氮添加对群落生产力的影响并不一致，可能是由于高寒草甸群落中不同植物类型对不同形态氮素的吸收偏好性不同，从而影响了土壤碳氮含量和 pH，进而影响了生态系统的结构和功能。因此，评估未来大气氮沉降的增加对高寒草甸生态系统的影响应同时考虑氮沉降的形态和浓度的作用及其共同的效应。

本书由中国农业科学院农田灌溉研究所詹伟、范永申、李鹏慧以及欧阳海滨负责撰写和校稿工作。在课题研究及书稿撰写过程中，得到了马春芽、曹华、李鹏、曹引波等专家及一些同行的大力支持，在此一并表示敬意与感谢。

由于作者水平有限，时间仓促，书中难免有疏漏与不足之处，敬请读者批评指正。

作者

2023 年 5 月

目 录
CONTENTS

第 1 章

绪　　论

1.1 研究背景

工业革命后，由于化石燃料和农业肥料的大量使用，全球氮沉降显著增加，全球碳循环和氮循环发生了变化（Stevens et al.，2004；Galloway et al.，2008）。在发达国家中，与工业化之前相比，氮沉降的速率增长了 $2 \sim 7$ 倍（Galloway et al.，1995）。Vitousek（1997）曾预测，21 世纪将达到人类历史上最高的大气氮沉降率，这很大可能依赖于生态系统的生物多样性水平。人类活动产生的氮排放是导致陆地生态系统中氮沉降增加的主要因素（Jiang et al.，2010；Schulze et al.，2010）。近 30 年来，我国的大气氮沉降水平已大量增加，成为了全球继北美和欧洲之后的第三大氮沉降区域（Liu et al.，2013）。根据评估，1980—2000 年，我国的氮沉降也明显增加，氮沉降的平均年总量提高了约 $8kg/hm^2$，整体趋于稳定，然而大气氮沉降的组成发生了变化，主要呈现为氨氮沉降的减少和硝氮沉降的增加（Yu et al.，2019；Liu et al.，2013）。

工业革命以来，由于农业活动的快速发展、土地不同利用方式的变化等，大气氮沉降的增加逐渐呈现出全球化的趋势。我国的氮沉降水平仅次于欧洲以及北美，居世界第三，远高于全球平均水平。氮沉降水平的增加对生态领域以及人类的生活等存在很多的负面影响（刘同 等，2013）。大气氮沉降通过土壤固碳（Fang et al.，2012）和植物的氮吸收过程显著参与到陆地生态系统中的碳积累和氮重新分配。氮沉降的形态一般包括有机氮和无机氮，而通常沉降的方式可以分为干沉降和湿沉降（刘同 等，2015）。活性氮的释放会增加输入到陆地及水生生态系统中大气氮的含量，从而对人类健康、温室气体的平衡和生态系统的生物多样性产生影响（Richter et al.，2005；Clark & Tilman，2008）。有研究发现，在陆地生态系统中，氮沉降是土壤碳汇的一个主要驱动因素。过多的氮沉降会使土壤酸化加剧并对植物的组成（Barnard et al.，2005）、生态系统的特征以及土壤氮循环和碳储量（Barneze et al.，2014；Hartmann et al.，2013）等造成影响。随着生态系统中氮输入的增加，土壤的环境因素能够在氮沉降的作用下发生显著变化，而全球气候变化能够进一步地促进土壤中氮循环过程的进行。

1.2 国内外研究进展

1.2.1 氮沉降对植被的影响

1.2.1.1 氮沉降对生产力的影响

氮是组成生态系统生命个体的基本元素之一，也是植物体在生长繁殖等生命活动之中所必需的重要营养元素。氮在大气中的含量是很高的，然而植物体能够直接进行吸收和利用的氮所占的比例却很低，因此对于大多数的陆地生态系统来说都是受到氮的限制的（Vitousek & Howarth，1997；Agrenet al.，2012）。因此，大气氮沉降的增加能够减缓生态系统氮的限制并促进生态系统的初级生产力的增加（Fang et al.，2012；Bai et al.，2010）。而一项相关的研究表明，草甸生态系统在氮添加的作用下其净初级生产力能够平均提高 29%～54%（Lebauer & Howarth，1997）。因此，大气氮沉降的增加能够有效促进生态系统初级生产力的提高（Xia & Wan，2008；Treseder，2008）。

草甸生态系统普遍是受氮限制的，因此氮输入的增加能够加速植物的生长，从而导致生态系统初级生产力的提高（DeSchrijver et al.，2008）。然而，研究表明，氮沉降的增加能够导致植物物种组成的改变，并导致物种丰富度的降低，从而对生态系统的结构以及功能产生影响（Clark & Howarth，1997；Bobbink et al.，2010）。另外，研究发现，陆地生态系统对氮沉降的响应是十分复杂的，存在着一定的时空效应，即在氮沉降的初期，通常表现为氮沉降的增加会促进生态系统生产力的提高，而随着氮沉降时间的持续增长，生态系统额外的氮输入会引起生态系统植物多样性的降低，进而对生态系统的生产力产生影响（Isbell et al.，2013）。

1.2.1.2 氮沉降对植物多样性的影响

为了研究生态系统对氮沉降的响应机制，生态学家开展了多项的控制实验（Horvath et al.，2008）。在发达国家工业化密集的地区，陆地生态系统受到大气氮输入的影响明显，例如导致土壤的酸化、营养元素失衡、生物量降低、植被退化等问题，进而影响草地生态系统的服务与功能（Menendez et al.，2008）。在 20 世纪 90 年代，北美以及欧洲的相关学者深入研究了温带的森林生态系统中大气氮输入对生态系统的功能、结构等方面的影响，并推动了 NITREX 等项目的构建和研究（Wright & Rasmussen，1998）。环境署国家多样性委员会（UNEP National Committees of diversities）也将氮沉降确定为研究生物多样性变化的一项重要指标（SCBD，2005）。研究表明氮沉降的增加能够导致植物物种减少，并且当氮沉降的水平位于 $5\sim35kg/(hm^2 \cdot a)$ 的范围之内时，氮沉降的速率与植物物种数目之间存在着负相关的关系（Stange et al.，2000）。另外，一项野外试验研究结果表明，氮添加浓度较低时，植物物种数量减少了 17%，这比周围的自然氮沉降慢，而较低的氮含量会导致物种数量的减少。然而，停止施氮 10 年之后，植物的物种数量逐步开始恢复，同时能够引起生态系统功能和结构的变化（Suding et al.，2005；Gough et al.，2000），表明对生态系统来说氮沉降的一些作用是可逆的（Clark & Tilman，2008）。

1987 年，我国启动了长期的农田土壤肥力和肥料效应的监测实验，总共设置了 9

个监测站（Li，2008），并于 2002 年开始在鼎湖山建立了永久性站点（Xu et al.，2006），又于 2007 年在华西雨屏区进行了氮沉降的模拟控制实验（Li et al.，2010）。在区域尺度上，生态系统资源利用的主要限制因素是土壤水分和氮素利用，植物的生物量可以作为资源利用的指示指标，而植物生物量、土壤氮磷化学计量比以及土壤的水分含量是限制生态系统土壤微生物功能多样性的几大主要因素（Liu et al.，2010）。植物多样性的损失能够对生态系统功能造成重要影响。持续了 13 年的长期控制试验发现，在调控生态系统食物网结构以及功能方面，植物的多样性具有十分重要的意义，当生态系统的植物多样性较高时，比较有利于有机质在土壤中的积累，并且植物多样性的保护能够有效促进土壤生物多样性的保护，同时在生态系统功能方面具备非常重要的维持作用（Eisenhauer et al.，2013）。另外，当生态系统具备较高的植物多样性时，相应能提高其应对氮沉降增加和 CO_2 升高的响应能力（Reich et al.，2001）。

在区域尺度上，草原生态系统的植物生物量能够表征生态系统对资源的利用程度。对于草原生态系统，资源利用的受限因素通常包括土壤的水分和土壤营养元素含量（如氮、磷等），而植物生物量、土壤水分含量、土壤氮磷化学计量比等是决定资源利用的主要因素。而对全球多种环境变化因素的研究发现，植物的多样性在生态系统的食物网结构以及生态系统的功能方面具有重要的驱动意义，植物多样性越高，越有利于土壤中有机质的积累。保护生态系统中植物的多样性是维持生态系统功能的一个极其重要的因素（Fang et al.，2012）。生态系统的植物多样性越高，生态系统结构和功能对 CO_2 的提高和氮沉降的适应能力就越强（Roche Teet et al.，2014）。

在氮素含量受限的陆地生态系统中，氮沉降增加过高通常会导致生态系统植物多样性的显著降低。目前有两个假说机制，即：①内在机制假说，指随着氮沉降的增加，导致速生型物种（氮转化率高）取代慢生型物种（氮转化率低），从而影响生物多样性（Abaloset al.，2014），这与植物不同物种对氮的特定利用性质不同有关；②外在机制假说，指土壤氮的异质性会随着氮沉降的增加而降低，而土壤氮的可利用性的均一性增加，会导致多样性的降低（Gomez-Casanovas et al.，2016）。

1.2.1.3 氮沉降对植物养分含量的影响

对于氮受限的高寒草甸生态系统，适度的氮沉降增加能够提高高寒草甸植物的氮、磷养分的含量。氮沉降的增加，能够直接增加草甸土壤中植物可以直接吸收利用的速效氮的含量，从而促进植物体内氮含量的增加。而研究表明，一般情况下氮、磷含量在植物体内是呈现正相关的关系（Kerkhoff et al.，2006；Li et al.，2014）。氮沉降导致的植物体内的较高的氮素含量能够加速其对土壤中磷的吸收和利用，进而促进了植物体磷含量的增加，从而维持植物体内稳定的氮磷比（Yu et al.，2011；Long et al.，2016）。

　　一般情况下，氮沉降的增加能够增加植物体内的碳含量。这是因为一方面，植物的光合速率通常与其叶片的氮含量之间存在较强的相关性，因此氮沉降提高植物的叶片氮含量的同时，也导致了植物光合作用能力的提高（Aber et al.，1989）；另一方面，氮沉降能够影响植物叶片中光合固氮关键酶（Rubisco）的活性和浓度，并增加植物叶片的叶绿素含量，从而促进植物光合速率的提高和碳含量的增加（Nakaji et al.，2001；杨振安，2017）。另外，氮沉降的增加能够通过提高土壤中植物可利用的氮的含量促进生态系统植物的生长和繁殖过程，从而影响碳在植被群落地上和地下的分配格局（Berger & Glatzel，2001）。研究表明，在氮受限的草地生态系统中，额外的氮添加能够导致植物根冠比的显著提高（Jones et al.，2014）。碳在植物体地上和地下部分的分配是由土壤的碳氮比和植物的生长需求所共同决定的，当植物从土壤中吸收的氮素含量能够满足植株个体对碳的同化作用的需求时，氮的添加对植物体内碳的分配没有影响（Liu et al.，2013）。

1.2.2　氮沉降对土壤属性的影响

1.2.2.1　氮沉降对土壤碳氮分布的影响

　　氮沉降会增加植物产量和土壤有机碳含量（Saggar et al.，2015），氮添加增加微生物的分解活化，加速有机养分的分解，从而降低有机碳含量（Machon et al.，2015）。还有研究结果表明，通过平衡有机养分的输入和有机养分的分解，氮输入不会显著影响土壤有机碳含量（Wang et al.，2012）。然而，氮输入的增加能够导致土壤中微生物生物量碳的降低（Chen，2011）。Wang（2013）对青海湖两年的施氮研究结果表明，土壤微生物生物量碳在 $0\sim32\text{kg}/(\text{hm}^2\cdot\text{a})$ 的氮添加范围内随着施肥梯度的增加呈增加趋势。另外，氮的添加能够对土壤有机碳含量和碳的矿化产生影响，并改变可溶性以及氧化性的有机碳在土壤中的含量。氮添加能够增加土壤表层植物凋落物的积累，而土壤表层良好的通气和水热条件导致微生物的活性较高，从而导致表层土壤的 DOC 含量显著高于深层土壤（Morales et al.，2015）。

　　氮沉降会导致土壤的相关物理和化学性质的改变。随着大气氮输入的增加，草地系统土壤的氮储量以及速效氮的含量都会变化。Zhang（2014）对内蒙古典型草原的研究表明，随着施氮量的增加，土壤的全氮和速效氮含量均增加。Vermoesen（1996）进行高寒草甸模拟氮沉降实验发现，添加 $50\text{kg}/(\text{hm}^2\cdot\text{a})$ 氮不会显著影响土壤的总氮含量。Horvath（2008）开展了草地氮沉降试验，结果发现 $140\text{kg}/(\text{hm}^2\cdot\text{a})$ 的氮添加不会显著影响土壤中的总氮含量。然而，随着氮输入量的继续增加，超过了土壤微生物和植物对氮素需求的阈值，土壤中的氮含量达到饱和，额外的氮输入会增加土壤中氮的淋失。而研究表明，氮肥的添加有助于植物地上部分的生长，并促进土壤中植物根系对磷的吸收，从而导致土壤中速效磷（AP）含量的降低（Zhu et al.，2008），而没有发现氮的添加对表层土壤（0～20 cm）的总磷含量存在显著的影响（苏洁琼，2014）。植物通过氮沉降获得的土壤可利用的氮含量的增加，植物根系的浅层分层能够导致土壤体积密度增加（Jones et al.，2014）。高氮沉降能够导致土壤水分含量降低，而低水分含量下凋落物的降解速度较慢，能够促进土壤有机质的增加（Crenshaw et al.，2008）。

1.2.2.2 氮沉降对土壤碳氮转化特征的影响

在陆地生态系统中，碳库主要包括植物碳库和土壤碳库，而土壤碳库大约是植物碳库的 2.5～3.0 倍（Pineiro et al.，2006）。土壤碳库通常可以分为土壤无机碳和土壤有机碳。土壤中的无机碳主要都是以活性相对较低的碳酸盐形式而存在的，并且其对环境因素变化的响应不敏感，因此目前关于氮沉降导致土壤碳含量变化的研究大多数都关注于土壤有机碳的含量方面。通常，土壤有机碳储量的变化能够导致 CO_2 排放的改变，并对植物的养分供给产生影响。在草地生态系统，土壤有机碳的来源主要分为两方面，即土壤表层的凋落物及根系的残留物，而土壤中微生物的分解作用决定了土壤有机碳的输出。氮沉降的增加会影响植物多样性（Stange et al.，2000）、植物生物量（Li et al.，2015）、土壤碳矿化率以及土壤微生物活性（Wang et al.，2014），从而影响土壤的固碳潜力。SOC 作为微生物的代谢底物，在氮输入增加的情形下 SOC 的含量变化受相关微生物的特性影响较大。

通过土壤有机碳的转化率及其分解的难易程度，一般土壤有机碳库可以分为活性碳库、慢性碳库和惰性碳库（Schulze et al.，2010）。首先，活性碳与植物的生长以及土壤营养元素关系紧密，并且与自然条件变化密切相关。通常可以把有机碳分为水溶性有机碳、氧化有机碳以及微生物生物量碳，土壤有机碳和碳过程的相关酶通常是表征土壤碳转化特性十分重要的指标。土壤碳矿化一般指在微生物的作用下，土壤中的有机碳经过分解转化为 CO_2 的过程，而土壤养分的传输和相关温室气体的释放会受到碳矿化速率的影响。同时，土壤水分、温度以及微生物的活性以及分解速率等相关因素都能够对土壤中有机碳的矿化产生影响（Xue et al.，2013）。

研究证明，氮添加能够导致土壤呼吸速率的增加，并降低土壤的碳储量（Jorgensen et al.，2012）。土壤中有机碳的比例较低时，有机碳在土壤中的矿化速率会受到碳元素的限制，而当有机碳在土壤中的比例较高以及土壤的碳氮比较高时，土壤有机碳的矿化则会受到氮的限制（Wu & McGechan，1998）。Wang 等（2014）的试验结果表明，在土壤养分条件为碳氮比较高时，土壤中有机物的分解过程会受到氮的限制，因此不利于植物与土壤氮的竞争和植物生长。Hyvonen 等（2007）在北欧的森林地区进行的长期氮添加实验研究表明，氮的增加能够降低土壤的有机碳矿化速率，并促进土壤中有机碳的积累。总地来看，不同的生态系统研究中土壤有机碳的矿化对氮沉降增加的响应是不一致的。对于草地生态系统，氮添加对土壤中有机碳的分解和累积的影响仍然存在高度的不确定性，还需要更多的相关研究。

在陆地生态系统中，大气的氮沉降在氮循环过程中具有重要的驱动意义。氮沉降水平的增加能够显著影响生态系统的土壤氮功能和氮矿化的效率，并对土壤氮的矿化、氨化以及硝化等无机氮的转化以及可溶性的有机氮的转化过程均有影响。在微生物的作用下，土壤中的有机氮被相关的微生物转化为无机氮进而被植物体所吸收的过程，称为土壤的氮矿化过程，这是陆地生态系统氮循环的重要过程（Schulze et al.，2010）。土壤氮矿化过程是表征土壤供氮能力的一项关键因素。

土壤的氮矿化过程一般指的是氮在土壤中的氨化作用以及硝化作用。氮的氨化作用一般是指可溶性的有机氮在土壤中微生物的分解作用下转化为 NH_4^+ 的过程。氮沉降的变化能够显著改变草地生态系统土壤的氮含量（Marsden et al.，2016a）。土壤中的 NH_4^+ 作为氨化过程的产物，同时也是硝化过程的底物，对氮的矿化过程有重要影响。土壤中的 DON 是氨化作用的底物，因此土壤中 DON 含量的升高或是降低能够对土壤氮的氨化作用有重要的影响。有研究表明，氮沉降增加的情况下，土壤的碳氮比可能会降低，土壤中的氮矿化过程受到促进作用（Sordi et al.，2014）。另外有研究发现，氮沉降的增加会促进土壤酸化的加剧，进而导致土壤中微生物活性的降低，从而抑制土壤氮的矿化（Sgouridis et al.，2014）。而 Stoma（2009）发现，随着氮沉降的增加，生态系统的累积氮矿化会受到显著的影响，而当氮沉降的水平较低时，土壤的氮矿化的活性以及氮矿化量是最高的。内蒙古温带草原的草地野外试验（Nachinf，2016）表明，在添加高氮的土壤中，氮添加的处理可以提高土壤的硝化率、氨化率以及矿化率。Yeook（2016）的试验发现，当氮的添加量在一定范围之内时，随着氮输入水平的增加，土壤中氮的硝化速率也是逐渐上升的，但是过高的氮添加则会导致土壤的硝化速率有所降低。而 Gundersen（1998）发现，在氮受限的生态系统中，土壤的净矿化率会在氮输入的作用下显著提高，但当生态系统的氮周转速率较高时，氮的添加实际上降低了净矿化率和土壤的氮矿化速率。因此，由于生态系统中土壤氮的储量差异，导致了土壤的氮矿化速率对氮添加的响应结果不同，具体的影响机制还需要更深入的分析探究。

1.2.2.3 氮沉降对土壤碳氮转化耦合特征的影响

生态系统土壤质量的衡量指标一般包括土壤的碳含量、氮含量以及土壤碳氮的动态平衡。同时，土壤的碳氮含量和比例能够直接决定土壤的生产力、肥力状况。研究发现，生态系统土壤中碳氮含量的增加之间存在着耦合效应（Chen et al.，2014；

Gao et al., 2015)。通过以往对农田和森林生态系统土壤中碳氮的结合性对比研究发现，土壤的碳氮含量之间存在着较强的结合关系（Ammann et al., 2009）。同时，对于土壤中的微生物来说，碳和氮元素也具有十分重要的作用，微生物的生长过程能够直接受土壤碳氮比的影响（Cai et al., 2013）。而有机氮在土壤中的矿化过程伴随着植物的硝化作用和碳的吸收利用，在释放无机氮的同时释放碳。因此，在土壤中碳氮的转化过程是互相耦合的关系。

随着氮沉降水平的增加，土壤中的碳氮含量以及碳氮的转化率和土壤中甲烷（CH_4）、二氧化碳（CO_2）及氧化亚氮（N_2O）等温室气体的排放之间存在一定的相关关系。碳氮在土壤中的具体转化过程能够被土壤的 C：N 所调控（Chen et al., 2014），当生态系统的氮含量丰富时，土壤的 C：N 较低，而凋落物的碳输入可以加速土壤中微生物分解新输入的底物（Hagedorn et al., 2003），降低土壤中有机质的矿化。而当生态系统的氮受限时，土壤的 C：N 较高，而凋落物的碳输入能够导致土壤中微生物对氮的需求增加，土壤中的有机氮分解加速（Bloor et al., 2009）。通常，土壤微生物的代谢过程是土壤中碳的主要来源。碳源的添加能够导致土壤微生物活性大幅度提高，从而加速外源的氮向土壤微生物中氮的快速转化，导致土壤中的无机氮含量的减少，从而调控土壤的氮转化过程。一般认为，土壤氮矿化速率与碳矿化速率之间是正相关的，有机物在被微生物分解的过程中能够同时释放 CO_2 和无机氮。而在青藏高原的一项研究发现，对于土壤微生物和植物碳氮均受限的生态系统，土壤氮矿化与碳矿化之间存在负相关（宋非凡 等，2011）。整体而言，草原生态系统在氮沉降增加的作用下土壤的碳氮过程耦合关系目前还存在很多不确定性。

1.2.3 氮沉降对土壤微生物的影响

作为草地生态系统中的一个重要因素，土壤微生物在土壤的碳氮循环过程中和土壤有机物质的矿化过程中起直接调控作用，同时在土壤有机物质的分解过程中土壤微生物起着关键作用（Zhao et al., 2017），因此土壤微生物是十分重要的一项土壤质量指标（Wang et al., 2014）。土壤微生物对土壤生态系统的变化十分敏感，因此容易受到外界其他因素的调控和干扰，同时其数量和类型也会受土壤深度以及土壤其他环境因子的影响。研究表明，土壤微生物的生物学特性能够受氮沉降的作用而改变，并且氮沉降的增加能够显著影响其生物量的变化（Chen et al., 2015，Hong et al., 2016），同时能够影响土壤微生物群落结构的改变（细菌和真菌的比例变化）（Leff et al., 2015）。然而，有关荒漠草原的研究发现，在氮沉降的作用下，土壤中微生物数量并未发现显著改变，氮沉降没有影响土壤中细菌与真菌之间的比例变化（Huang et al., 2015）。Zechmeister（2011）的氮沉降研究发现，随着氮沉降的水平超过

32kg/($hm^2 \cdot a$) 时，氮输入的增加会抑制土壤中真菌的繁殖与代谢。氮沉降水平的升高能够提高植物的生产力，并改变植物的群落结构组成以及凋落物的组成、类型及其数量的变化（Li et al.，2015），影响微生物群落的多样性和群落的活动。Fierer 等（2012）发现，对于不同的生态系统，植物群落存在不同的结构和组成，对应的其土壤的微生物的结构组成和数量之间也会存在差异，因此氮沉降对生态系统土壤碳的利用效率的作用会受到影响。另外，有氮沉降试验发现，随着氮沉降水平的提高，土壤更会受到碳的限制，从而降低了土壤中微生物活性，而氮的输入增加了土壤中微生物生物量（Demoling et al.，2008）。土壤微生物的功能多样性以及结构组成会受氮添加的影响而发生改变（Wang et al.，2014）。虽然施氮量、施氮时间、植被类型以及土壤类型均会影响氮添加对土壤中微生物的作用，但是大量的研究发现，土壤微生物的生物量和多样性均会随着施氮的增加而降低（Wang et al.，2018）。而 Treseder（2008）发现，在陆地生态系统中，随着氮沉降的增加，土壤中微生物生物量受到抑制，并且副作用也随着氮添加浓度的增加而增加。施氮显著改变了小章草和沼泽草地土壤微生物中磷和脂肪酸的含量和丰度，具有明显的土壤级配效应（Wang et al.，2017）。

一些研究表明，土壤 pH 会随着氮的添加而降低，而土壤的酸化是导致土壤微生物群落结构变化的关键因素（Zhou et al.，2015）。然而，也有研究表明氮沉降导致的土壤微生物群落结构的变化，是因为氮沉降导致土壤中有效氮含量增加而不是由于土壤酸化的作用（Zhou et al.，2017）。Bangwon（2017）认为，对于草地生态系统，微生物的群落组成会受土壤的 TC、TN 含量以及土壤中水分含量的影响。总之，目前关于土壤中微生物的群落结构对氮沉降增加的响应机制尚不清楚，氮沉降影响微生物过程的相关驱动因子存在异议，亟待更多的研究。

1.2.3.1　氮沉降对土壤细菌群落的影响

细菌是土壤中具有巨大数量的一类微生物，并且细菌群落在土壤的碳氮循环过程中起着重要的调控作用。因此，研究氮沉降对土壤中细菌群落的数量及结构组成的影响具有十分重要的意义。相关研究发现，随着氮的添加，土壤中细菌群落的丰度受到影响，并且群落的结构发生了显著的改变（Jang et al.，2018）。Xue 等（2013）研究发现，虽然在短期的氮添加下，氮的输入没有导致土壤的细菌群落发生显著的改变，然而在氮添加浓度较高时，敏感菌群的相对丰度发生了显著的变化，具体表现为富营养化细菌群的丰度显著增加，而寡营养化细菌菌群的丰度显著减少。氮沉降会影响土壤里铵离子（NH_4^+）的含量，而 NH_4^+ 是土壤中微生物生长代谢所需的重要的氮源，因此氮沉降能够通过改变 NH_4^+ 在土壤中含量的变化来影响土壤微生物的数量和生长。Zhou（2015）的一项研究表明酸度的增加与铵盐氮含量的增加有关。此外，土壤

pH 是影响土壤细菌群落组成的关键因素（Ling et al.，2017）。许多研究表明土壤 pH 限制影响土壤微生物的分布与组成（孙迎韬，2020；厉桂香 等，2018；杨欢，2012），且由于土壤细菌对酸碱环境的耐受性比较弱，细菌群落对土壤中 pH 的变化十分敏感（Rousk et al.，2010）。

由于不同的生态系统中，氮的添加量以及氮添加所持续的时间等差异，都会导致氮添加处理下土壤细菌群落多样性的响应程度表现出较大的差异性。曾全超（2016）研究发现，在温带草原生态系统中，氮的添加能够对土壤中的细菌的群落组成产生间接的影响，而对土壤中细菌群落的多样性有直接的影响，而当氮添加的水平高于 $120kg/(hm^2 \cdot a)$ 时，氮的添加对土壤细菌群落结构的作用显著。Yang（2015）研究发现，短期施氮对北方草原和亚热带雪松林中的土壤细菌丰度和多样性指数没有显著影响。在瑞典草原开展的一项长期氮添加实验发现，适度的氮添加能够导致土壤中细菌群落多样性的增加（Freitag，2005）。而另一个在温带草原开展的氮添加研究发现，Chao1 菌丰度、Shannon 多样性指数均与氮添加的水平呈负相关（Ling et al.，2017）。而另有研究表明，植物的功能特性以及一些非生物的土壤特性（如土壤 pH、无机氮含量等）决定了氮添加后土壤中的细菌群落多样性的改变（Yang et al.，2018）。

1.2.3.2 氮沉降对土壤真菌群落的影响

在陆地生态系统中，土壤真菌是植物与土壤微生物相互作用、地方病害以及土壤有机质分解过程的另一个重要组成部分（Zhou et al.，2016；Zhang et al.，2016），因此关于土壤中的真菌群落结构和多样性对氮沉降增加的响应研究具有重要的意义（He et al.，2016）。而相关研究表明，氮肥的使用可以降低土壤真菌的生物量及群落的多样性，改变土壤真菌群落的结构组成（Zhou et al.，2016；Leiber et al.，2015），以及降低病原体的传输（Hu et al.，2016）。长期施氮使东北黑土从细菌型转变为真菌型（Zhang et al.，2015）。氮的添加能够导致土壤真菌的群落组成发生显著改变（Kim et al.，2015），同时随着土壤深度的变化土壤真菌的群落也会随之而变化（Chen et al.，2018；Pineiro et al.，2015）。Clemmensen（2015）研究发现，土壤的碳固定过程与土壤真菌的结构组成及群落的多样性之间有着紧密的相关性。高氮的添加比低氮的添加对土壤中真菌群落的影响更大，土壤 pH 能够影响土壤真菌的群落多样性和丰度（Zhou et al.，2016）。在我国东北地区，真菌群落的地理分布受土壤中碳含量的直接驱动（Liu，2015）。而在内蒙古典型草地的研究发现，土壤真菌群落的主要驱动因素为土壤碳磷比、植物生产力以及土壤的碳含量（Li，2018）。氮沉降的增加能够增加土壤中的有效氮含量，并导致土壤的 pH 降低，以及土壤中的优势真菌门丰度的降低（Muller et al.，2014；Contosta et al.，2015），同时能够导致土壤中相关酶活性的降低，并负反馈调节土壤的养分循环（Corrales et al.，2017）。

1.2.3.3 氮沉降对土壤氮转化关键微生物的影响

一般生物固氮过程、硝化过程以及反硝化过程等，共同构成了土壤的氮转化关键过程，而土壤微生物在这些氮转化过程均具有驱动作用。在氮沉降的背景下，土壤中的这些氮转化过程的变化与相关的一些土壤微生物之间存在十分密切的关系。有研究发现，随着氮肥的添加，土壤中的硝化菌、固氮菌以及反硝化菌的丰度及微生物群落结构均产生了明显的改变（Jorquera et al.，2014）。而生物固氮通常是指在酶的作用下一些固氮微生物把空气中的氨催化再利用的过程（Eady et al.，1996）。nifD、nifH、nifK 等基因是进行固氮酶研究的重要指示基因。其中，nifH 基因已经在固氮微生物的研究中得到了广泛应用。通常认为土壤中有机质的含量与土壤中固氮微生物的数量之间存在正相关（Yang et al.，2013）。研究发现，随着氮肥的使用，土壤中外源氮的输入可以提高有机碳的含量，并且导致土壤中相关固氮细菌的菌群丰度显著增加，进而对土壤中的微生物固氮有促进作用（Owens et al.，2016）。而以无机氮的形态进行高浓度的氮肥添加时，土壤中固氮细菌的生长会受到抑制（Zhang et al.，2013），表明过高水平的氮输入将导致土壤中固氮微生物的生长受到抑制。

硝化过程在土壤氮的转化中起着重要作用。相关环境因素如土壤 pH、土壤温度、土壤无机氮以及水分含量等通常会对硝化过程有影响，通风良好的土壤中通常硝化过程的速率较高，同时矿质氮在土壤中的含量会随着氮沉降水平的增加而增加。因此，土壤的硝化过程对氮沉降的响应越来越受到研究者的关注。而氨氧化过程相关的土壤微生物，包括了氨氧化细菌（AOB）和氨氧化古菌（AOA）。氨单氢酶是由 amoA 基因合成的，对硝化过程中的关键限速步骤（即氨氧化过程）具有调节功能（Ken et al.，2013）。目前，大多数的研究都是针对这一阶段进行氮添加对硝化作用的研究。氮肥的长期使用能够促进土壤 AOB 丰度的提高和土壤硝化的增加（Abot et al.，2013）。内蒙古半干旱草原的氮肥试验结果表明，随着氮添加水平的提高，氨氧化细菌在土壤中的丰度发生了显著的增加。氮的添加量以及氮肥添加的种类都能够导致土壤中的氨氧化微生物的组成和丰度的改变（Zhou et al.，2015）。另外，土壤的 pH 会随着氮沉降的增加而降低，从而影响土壤的硝化作用。这是由于土壤中 pH 的改变能够对土壤中的氨产生影响，较高的 pH 会导致在土壤中较高的氨分子的浓度，而较低的 pH 会加速酸性环境下氨分子向铵离子的转变，导致土壤中的氨分子浓度较低。土壤中氨的存在状态能够导致土壤中的氨氧化细菌的群落组成受到影响。

反硝化过程指的是，硝酸盐在反硝化细菌的作用下，在土壤中被还原为氨的过程。土壤温室气体的排放与反硝化作用存在十分紧密的关系，比如 N_2O 能够在反硝化过程中产生。土壤的反硝化过程中存在一种关键的酶，即亚硝酸还原酶，而在对调控土壤中亚硝酸还原酶的研究（Braker et al.，2011）中，nirK 和 nirS 基因通常被认为是此过程中两个十分重要的基因。针对不同的环境变化，土壤中硝化微生物的功能群的响应会呈现明显的差异（Chen et al.，2010）。同时，研究发现，两种类型的反硝化细菌，nirK 型相比 nirS 型对氮肥添加的响应会更加的敏感（Yoshida et al.，2010）。另外，在长期的氮肥添加下，nirK 型的反硝化细菌的菌落组成会发生显著的改变（Rossi et al.，2010）。氮的添加会显著促进土壤微生物的反硝化过程，并有利于过程中 N_2O 在土壤中的排放（Taemunong et al.，2018），使得土壤固氮作用受到削弱。目前关于氮沉降后对土壤中的微生物的多样性的作用以及具体的机制，以及土壤微生物群落组成和多样性，与大气氮沉降和降水的变化之间的相互作用，还尚未有确切的结论，有待相关领域的进一步研究。

1.2.4 氮沉降对温室气体排放的影响

作为主要的陆地生态系统类型之一，草地生态系统分布范围最广，并且对全球变化的响应十分敏感（Brown et al.，2012）。大气温度的升高、CO_2 浓度变化以及降水模式变化均对草地生态系统有影响，同时草地对大气氮沉降的增加也十分敏感（Cai et al.，2013）。CH_4 的增温潜势约为 CO_2 的 $15\sim30$ 倍，并且其具有较强的红外吸收能力。研究表明，短时间的氮添加能够导致内蒙古草原生态系统 CH_4 吸收的减少（Chen et al.，2013）。在三大温室气体中 CO_2 的增温效应的贡献约为 63%（Deng et al.，2016）。草原生态系统的 CO_2 交换主要是通过植物的光合作用以及呼吸作用。另外，在土壤中有机物在被微生物分解的过程中也可以释放 CO_2 到大气中。通常，短期的氮添加能够提高微生物的活性并加速土壤的碳矿化，从而对生态系统的碳排放起到促进作用（Wei et al.，2014）。而除了 CO_2 和 CH_4，N_2O 也是非常重要的温室气体。N_2O 对温室气体增温效应的贡献约为 6%，其放射性强度约为 CO_2 的 310 倍，并且 N_2O 能够在大气中长期存在（Smith et al.，1997）。陆地生态系统的土壤 N_2O 排放是其最重要的源，占全球生态系统排放的 70%。随着氮沉降水平的加剧，陆地生态系统的 N_2O 排放的量将会更高（Stange et al.，2000）。

CH_4 的吸收和释放主要是由 CH_4 的产生过程和微生物对 CH_4 的氧化之间的平衡所调控。通常，氮沉降的增加能够增加土壤中的无机氮的含量（铵态氮、硝态氮），从而提高土壤中产甲烷菌的活性（Ambus et al.，2006）。另外，氮添加能够促进土壤生物量的增加，进而提高根系分泌并增加植物的覆盖度，从而有利于 CH_4 的产生，因此土壤中的氮的可利用性和植物生物量的变化能够影响 CH_4 排放（Benanti et al.，2014）。胡正华（2012）发现土壤 CH_4 排放量与低氮或高氮的输入之间均无显著的关系。此外，还发现氮添加能够抑制 CH_4 的排放并促进 CH_4 吸收，而不会显著影响藏北高寒草原的 CH_4 排放。然而，施氮能够显著增加湿地 CH_4 的排放，这可能是因为土壤的养分不同以及不同的生态系统环境存在差异。施氮处理之后生态系统的 CH_4 排放季节性变化规律明显，并且主要受两个因素影响：植物的光合作用和呼吸作用，同时发现植物通气组织数量的增加能够增加 CH_4 的排放（Schaufler et al.，2009）。这种季节性变化规律还表明，无论是低氮还是高氮的土壤环境，水分条件都是 CH_4 排放的主要影响因素。

呼吸作用是陆地生态系统 CO_2 排放到大气的主要方式，具体包括自养呼吸和异养呼吸（Fang et al.，2012）。其中自养呼吸是由生物体的特质所决定的，而异养呼吸的影响因素广泛，主要包括环境因素（温度、水分、土壤养分等）和生物因素（土壤动物、微生物等）。因此，温度升高和降水增加会促进 CO_2 排放（Jiang et al.，2010）。根据涂丽华（2014）的说法，氮的添加能够导致土壤养分含量的提高，地上生物量的增加以及土壤中微生物活性的提高，从而增加了 CO_2 的排放。但也有研究结果表明，高氮添加会改变微生物群落结构，降低酶活性，从而减弱对 CO_2 排放的加速作用。而一项研究表明，氮的添加显著增加了若尔盖湿地 CO_2 的排放。氮添加增加了生态系统的地上生物量，加速了植物体的呼吸作用过程，从而促进了 CO_2 排放（Fang et al.，2012）。然而，另有研究发现，氮的添加会对 CO_2 的排放产生抑制作用，原因是生态系统的差异性和养分受限的不同导致其对氮输入的响应机制存在差异（Wang et al.，2012）。氮的添加对 CO_2 排放的促进作用关键体现在植物的生长旺盛时期，并且随着氮添加浓度的提高，氮的添加对 CO_2 排放的促进作用不明显（Leiber et al.，2015）。其主要原因在于，植物的旺盛生长阶段具有最强的光合作用、呼吸作用以及最高的生物量，并且氮输入的增加对植物体呼吸作用的促进大于其对植物光合作用的促进，从而导致了植物群落总体上 CO_2 排放的提高。

土壤硝化过程和反硝化过程共同决定了生态系统的 N_2O 排放。生态系统有效氮输入的增加，能够导致土壤 C：N 的改变，对土壤的硝化和反硝化过程产生影响，进而影响生态系统的 N_2O 排放（Shimizu et al.，2010）。施氮还可以通过调节植物生长来影响 N_2O 排放。氮的添加有利于生态系统植物的生长以及植物生物量的累积，氮添加一方面增加了植物可以直接利用的氮，另一方面提高了土壤微生物可以分解使用的碳源，并促进了土壤的微生物反硝化过程，从而促进 N_2O 排放（Skiba et al.，1998）。例如，张艺（2015）发现氮的添加能够显著提高若尔盖湿地生态系统 N_2O 的排放。另有研究表明，短期氮的添加能够提高岷江河口湿地生态系统 N_2O 的排放（牟小杰等，2013）。氮的添加促进了小叶湿地植物的生长并增加了地上生物量，从而影响了 N_2O 的排放。但高氮处理对 N_2O 排放的增加影响不大，而当氮的添加量继续增加时，土壤中的氮素含量不再是限制微生物活性的关键因素，这就增加了有效氮的可用量并抑制了 N_2O 的排放（Gao et al.，2016）。

1.3 研究目的及意义

1.3.1 研究目的

本研究以高寒草甸退化为背景，以氮沉降对生态系统的影响为切入点，利用长期野外监测试验与室内分析试验相结合，研究分析不同梯度和形态的氮沉降之后高寒草甸生态系统的结构和功能、碳氮分布格局以及对 CH_4、CO_2 和 N_2O 的排放的影响，以期解释高寒草甸在不同氮沉降格局下的差异和高寒草甸调控碳氮分布的作用机理。因此，本研究主要解决以下两个科学问题：

（1）高寒草甸植被—土壤系统对不同浓度氮沉降如何响应？

（2）高寒草甸植被—土壤系统对不同形态氮沉降如何响应？

1.3.2 研究意义

作为我国四种主要的草地类型之一（Gao et al.，2007），高寒草甸的分布地区主要位于青藏高原区域（Kang et al.，2007）。由于低温和低土壤微生物活性，青藏高原地区普遍具有较低的土壤矿化率（Jiang et al.，2016），同时由于较低的生物缓冲能力和贫瘠的土壤环境，青藏高原地区对气候变化十分敏感（Zong et al.，2016），极易受到氮沉降增加的影响。

近年来，关于氮沉降对青藏高原高寒草甸生态系统的影响，众多研究者已经开展了许多的相关研究，主要关注氮沉降对高寒草甸生态系统温室气体通量排放的影响（朱天鸿 等，2011；梁艳 等，2017；Zong et al.，2013），土壤的理化性质（Li et al.，2012；Fang et al.，2014），植被的生产力、群落结构及生态系统的功能（杨月娟 等，2014；杨晓霞 等，2014），以及氮肥的添加对退化草甸的生态恢复的影响（宗宁 等，2013）。但是有关多梯度和不同形态氮添加对草甸生态系统碳氮循环过程的研究还相对较少。本试验研究不同形态、不同强度的氮添加下草甸碳氮循环的响应，并分析氮添加对草甸生态系统多样性的影响，为预测全球变化背景下高寒草甸的碳氮过程提供可能。

第 2 章

研究区概况及试验设计

2.1 研究区概况

本模拟氮沉降试验样地（图 2-1）位于四川省阿坝藏族羌族自治州红原县阿木乡附近的试验基地（32°58′N，102°37′E），地处青藏高原东缘。研究样地隶属于中国科学院成都生物研究所的若尔盖高寒湿地生态站。该区域的平均海拔为 3480.00m，属于典型大陆性高原季风气候，多年的平均大气压为 665.9hPa。过去 30 年的年平均温度为 10.9℃，年平均降水量 690mm，其中 80% 的降水都集中在生长季时期（5—9月）（Shi et al.，2015）。参考中国土壤分类标准，模拟氮沉降试验样地的土壤类型为高寒草甸土。2014 年 5 月开始对试验样地进行围封和禁止放牧，在这之前样地区域为当地牧民进行冬季放养牦牛的冬牧场（姜林，2020）。

图 2-1　研究样地概况

若尔盖高原区域主要为亚高山草甸植被类型，具有发达的沼泽草甸和沼泽植被；区域内群落的植物类群优势物种为根茎密丛型莎草、高大疏丛型禾草以及杂类草层片。群落冠层较高，为 0.2～1.0m，有明显分层和丰富的季相变化（姜林，2020）。

2.2　气候特征

在模拟氮沉降试验区域，存在季节性的土壤冻结，冻融期通常从每年的 10 月到次年 5 月，而在每年的 3—4 月土壤会呈现冻融交替的过程。对于表层土壤，也就是 0～10cm 的土壤层，土壤的冻结通常可以从每年的 11 月中旬开始持续到第二年的 3 月中旬左右（四川省红原县志，1996）。

2.3　土壤特征

本研究的试验样地地处白河的中游附近，周边地势平坦，具有丰富的微地形地貌，区域的平均地下水位小于 3 m。经过调查，试验样地的总体土壤类型属于高原草甸土亚类，而按照中国土壤系统的最新分类标准，可以确定样地的土壤类型属于草毡寒冻雏形土亚类（姜林，2020）。

2.4　植物群落的特征

本研究的试验区域属于高寒草甸群落，开展氮沉降试验前为当地牧民承包使用的牦牛放牧草场，在每年的 11 月左右至次年 6 月作为冬季草场进行放牧。本试验区域的草甸群落紧邻白河的中游，属于河边一级阶地类型，具有较高的地下水位和较大的土壤湿度，因此整个试验区域内的群落物种丰富度较高。

在模拟氮沉降试验的布设阶段，即 2014 年的 8 月初，对试验区域的群落组成和多样性特征进行了综合的调查。在试验样地的附近区域随机进行了 5 个植物样方（0.5m×0.5 m）的群落特征调查，测定了样方内的物种的高度、盖度以及总的群落地上生物量，具体植被群落特征见表 2-1。

试验区域主要的物种组成：禾草类群主要包括草地早熟禾（*Poa annua*）、滨发草（*Deschampsia littoralis*）、长穗三毛草（*Trisetum clarkei*）、紫羊茅（*Festuca rubra*）、垂穗披碱草（*Elymus nutans*）、甘青剪股颖（*Agrostis hugoniana*）等；莎草

类群主要包括无脉薹草（*Carex enervis*）、四川嵩草（*Kobresia setchwanensis*）、糙喙薹草（*Carex scabrirostris*）、嵩草（*Kobresia myosuroides*）、双柱头蔗草（*Scirpus distigmaticus*）等；杂类草类群主要包括豆科、菊科、大戟科、毛茛科、玄参科、蔷薇科、伞形科、唇形科、龙胆科等物种。研究区域的群落生长季大约持续时间在 150 天左右，返青期通常位于每年的 4 月底到 5 月初（泽柏，1983；卞志高 等，1997），草甸群落的总生物量在 8 月中旬达到最大，该研究区域的多年平均植被生物量约为 454.02g/m² （韩金锋，2012；高永恒，2007；杨宗荣，1984）。

表 2-1　　　　　　　　2014 年模拟氮沉降试验样地草甸群落基本特征

类群	物种数/个	平均高度/cm	累加盖度/%	地上生物量 /(g/m²)
群落	25.83±3.83	33.67±5.75	141.07±29.46	305.61±97.22
禾草	4.00±0.52	80.26±13.25	45.13±8.97	132.08±25.24
莎草	2.80±0.37	45.47±6.90	11.58±1.75	54.27±32.02
杂类草	18.89±4.24	15.55±2.14	84.36±25.24	120.26±43.31

注　数据用平均值±SDs 表示，*n* 为 4。

2.5　模拟氮沉降试验设计

2014 年 8 月开始进行模拟氮沉降试验样地的布设，使用完全随机设计的方法进行不同氮沉降处理的分布设置。我国氮沉降的分布格局显示（Lu & Tian，2007；Zong et al.，2016），青藏高原东缘区域的大气氮沉降水平约为 8.7～13.8kg/(hm²·a)，因此本试验设置了 15 种氮沉降的处理：氮沉降的浓度梯度包括 CK/N0 ［对照，0kg/(hm²·a)］、N10 ［低氮，10kg/(hm²·a)］、N20 ［中氮，20kg/(hm²·a)］、N40 ［高氮，40kg/(hm²·a)］ 和 N80 ［极高氮，80kg/(hm²·a)］；而氮沉降的不同氮形态选择了氯化铵（NH_4Cl）、硝酸钠（$NaNO_3$）和两者混合添加作为氮添加的不同形式。

小区共设置了 60 个 8 m ×8 m 的样地（每个氮添加处理 4 个重复，对照样地 12 个重复），如图 2-2 所示，每块样地之间设置了 1m 宽的过道作为缓冲带，所有的处理完全随机分布。在每年的生长季即 5—9 月进行模拟氮沉降试验的施肥，并在每月的月初一周之内完成，这是由于模拟氮沉降的试验区域的降水 80％以上均集中在生长季期间（Gao et al.，2007）。每次施肥时每个小区量取 10L 的地下水，然后加入称量好的氮量肥料，混合溶解均匀之后使用喷雾器沿着小区样方外围的过道进行均匀的喷洒，尽量避免人为对小区内部的踩踏和施肥的不均，对照处理（N0）对应喷洒 10 L 的未溶解氮肥的水。

4-Nox 20	2-NAN 40	3-NAN 0	2-Nred 40	2-Nox 10	3-Nox 20	4-NAN 20	2-NAN 80	1-Nred 10	1-NAN 10	1-Nred 40	4-Nred 80
4-NAN 40	2-NAN 10	4-Nox 0	4-Nox 40	3-Nox 0	3-Nred 40	4-Nred 40	3-NAN 40	3-Nred 80	4-Nox 10	3-Nred 0	3-Nox 10
2-Nred 10	1-NAN 80	2-NAN 20	3-Nox 80	1-NAN 20	1-Nox 20	4-NAN 10	4-NAN 80	4-NAN 0	2-Nox 20	2-Nox 80	1-NAN 40
2-Nred 80	2-Nox 40	2-NAN 0	1-NAN 0	1-Nred 20	1-NAN 10	1-Nox 40	4-Nred 0	2-Nox 0	3-Nred 20	1-Nox 80	3-NAN 80
2-Nred 20	2-Nred 0	1-Nox 10	4-Nred 20	4-Nox 40	1-Nred 0	3-NAN 20	4-Nred 10	3-Nred 10	4-Nox 80	3-Nox 40	1-Nred 80

图 2 - 2　试验样地小区分布图

（Nred 表示 NH$_4$Cl；Nox 表示 NaNO$_3$；NAN 表示 NH$_4$Cl＋NaNO$_3$；0，10，20，40，80 表示不同氮添加浓度 [kg/(hm^2·a)]；1－，2－，3－，4－表示 4 个重复处理）

第 3 章

模拟氮沉降对高寒草甸群落结构、多样性和生产力的影响

梵净山江河源区高寒草甸

群落结构、多样性

和生产力的影响

作为典型的敏感和脆弱生态系统，高寒草甸对诸如气候暖化、土地利用变化和氮、磷沉降等干扰存在显著的响应（周兴民，2001；张宪洲 等，2015）。外源氮素的沉降改变了土壤中的养分状况，尤其对于存在氮限制的群落，不同物种的生存策略和种间关系可能会因此受到影响，并导致群落结构的改变（Suding et al.，2005）。

高寒草甸群落的多样性和生产力是其重要的特征，对于区域的生态环境和社会发展具有重要价值。氮素的富集往往会导致群落中植物物种多样性的丧失，其机制目前存在多种假设和争议：①光竞争假说，即营养元素的添加导致群落初级生产力增大，而光资源的可利用性降低，导致低矮物种的丧失（Niu et al.，2010）；②物种的自疏，即氮添加所导致的物种个体密度发生变化，并促使物种的随机消失（Stevens & Carson，1999）；③其他还包括根系竞争（Rajaniemi，2002）、地上/地下总体竞争等假说（Lamb，2009）。氮素的添加往往会导致群落生产力的显著提高，但这种促进效应同时受到添加量和土壤营养状况等因素的限制（Tang et al.，2017；Zhao et al.，2019）。对于过高的氮素添加，群落生产力往往存在饱和效应（Ma et al.，2020）。同时，受制于不同植物物种的生存策略，对氮素的利用还随着其形态的不同存在差异（Song et al.，2012）。

本章通过调查实验群落中的物种组成、多样性和群落地上生物量，分析高寒草甸的群落结构和多样性对不同形态与氮添加浓度的响应和机制。

3.1　试验方法

3.1.1　植物群落调查与样品采集

2015—2019 年，每年生长季的 7 月中下旬对不同处理样方的植物群落进行调查，调查工作参照常规的草地植物群落调查方法进行（吴冬秀，2007）。进行植被群落特征调查时，在每个样方中随机放置一个 50cm×50cm 的正方形框作为调查范围，记录框内出现的植物物种名称，并对每个物种随机选取 5 株个体测量其最大高度，同时采取多人目测取平均的方法估算每个物种的盖度。其后，将调查框范围内的植物物种划分为禾本科、莎草科和杂类草三类功能群，并据此沿地表用剪刀剪下地上部植株，装入纸袋并带回实验室。将植物地上部样品置于电热鼓风干燥箱内（DHG－9246A，精宏，上海），85 ℃下杀青 0.5h，之后在 65 ℃下烘干至恒重。最后使用电子天平（BSA224S，Sartorius，Germany，精度为 0.001 g），称量植物地上部样品质量，并据此计算各处理样方的植物地上部生物量（g/m²）。

3.1.2 植物群落特征指标的计算

参考常规的草地群落结构特征研究中所用的指标体系（任继周，1998；姜恕，1988），使用植株高度和盖度表征群落结构。其中，使用各物种的平均植株高度的加权平均值来计算功能群的平均高度，加权的权重为每个物种的盖度值。

物种相对高度和相对盖度的计算公式如下：

物种相对高度

$$H' = \frac{H_i}{\sum_{i=1}^{s} H_i} \times 100\%$$

物种相对盖度

$$C' = \frac{C_i}{\sum_{i=1}^{s} C_i} \times 100\%$$

式中 S——样方调查框内的所有物种的总数；

H_i、C_i——样方中每个物种的平均植株高度和平均盖度（布仁图雅 等，2014）。

根据多个群落多样性研究的比较（马克平，1994；陈廷同 等，1999），选取三种多样性指数进行群落的表征，包括物种丰富度指数（Richness index，R）、Shannon多样性指数（Shannon index，H）以及 Pielou 均匀度指数（Evenness index，J）。

对应每个多样性指数的计算公式如下：

丰富度指数

$$R = S$$

多样性指数

$$H = -\sum_{i=1}^{s} (P_i \ln P_i)$$

其中

$$Pi = \frac{(H' + C')}{2}$$

均匀度指数

$$J = \frac{H}{\ln S}$$

式中 S——样方调查框内的所有物种的总数；

P_i——通过相对高度和相对盖度计算的每个物种的优势比；

H'、C'——对应物种 i 的相对高度值、相对盖度值。

3.1.3 统计分析

采用 SPSS16.0 软件进行多因素的方差分析，研究分析不同施氮浓度处理、施氮形态以及试验年份对不同功能群的植物群落的相对高度、盖度及功能区多样性指数的影响，使用了 Duncan 检验法对不同因素进行多重比较。

使用单因素方差分析方法，研究分析不同氮沉降添加的处理对群落地上生物量、三个功能群的生物量以及不同功能群生物量所占比例的影响，并使用 Duncan 检验法对不同因素进行了多重比较。显著性水平为 $p < 0.05$。

3.2 结果与分析

3.2.1 群落结构对氮添加的响应

氮添加处理下，高寒草甸植物群落不同功能群的相对高度变化如图 3-1 所示。对照样方（N0）的结果显示，群落中禾草、莎草和杂类草功能群的相对高度依次减小。整体上，氮添加浓度的增大在本研究的监测后期提高了禾草功能群的相对高度，而降低了莎草功能群的相对高度，杂类草功能群的相对高度则没有发生明显的改变。

但对于不同形态的氮素添加，群落中不同功能群相对高度的变化略有不同，主要表现在 NAN（NH_4Cl 和 $NaNO_3$）配合添加、Nox（$NaNO_3$）单独添加均在添加量较高（N20、N40、N80）时导致禾草相对高度的增加和莎草相对高度的下降［图 3-1（a）、(b)］；而单独添加低、中浓度（N10、N20）的 Nred（NH_4Cl）时引起的禾草和莎草功能群相对高度的变化最为明显［图 3-1（c）］。

高寒草甸植物群落不同功能群的相对盖度不同氮添加处理下的变化如图 3-2 所示。从对照样方的结果来看，杂类草、禾草和莎草功能群的相对盖度依次减小。并且随着监测年份的增加，禾草、杂类草功能群的相对盖度分别呈现增大和减小的趋势。

NH_4Cl 和 $NaNO_3$ 混合添加时［图 3-2（a）］，低、中、高氮处理增加了禾草功能群的相对盖度，并降低了杂类草功能群的相对盖度，对莎草功能群的影响不明显；而极高氮处理减小了禾草功能群的相对盖度，并增加了杂类草功能群的相对盖度。$NaNO_3$ 和 NH_4Cl 分别单独添加时［图 3-2（b）、(c)］，低氮添加（N10）减少了禾草功能群的相对盖度，增加了杂类草功能群的相对盖度；而高氮和极高氮添加（N40、N80）增加了禾草功能群的相对盖度，并减少了杂类草功能群的相对盖度。

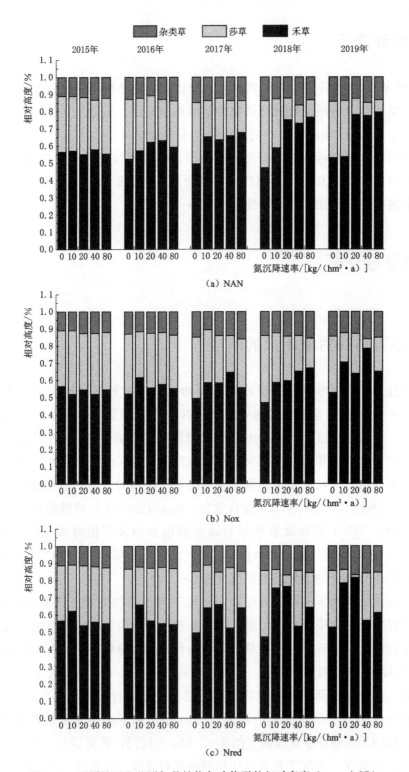

图 3-1　不同处理和监测年份植物各功能群的相对高度（mean±SD）

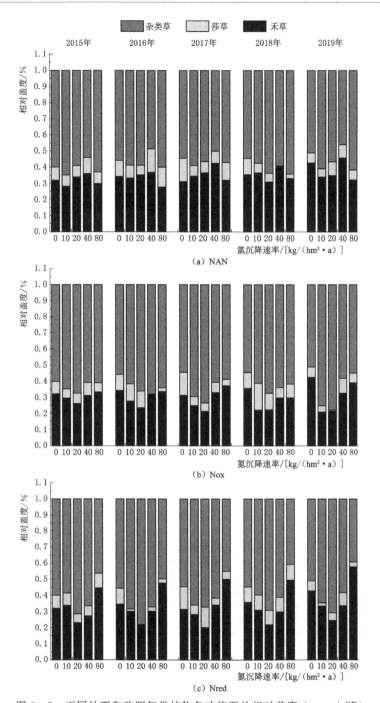

图 3-2 不同处理和监测年份植物各功能群的相对盖度（mean±SD）

3.2.2 群落物种多样性对氮添加的响应

方差分析的结果显示（表 3-1），高寒草甸群落的物种丰富度、Shannon 指数和均匀度指数对氮添加浓度（R）的响应极显著（$p<0.01$），对氮添加形态（T）和监测年份（Y）的响应显著（$p<0.05$）。同时，氮添加浓度与监测年份之间存在显著的交互作用（$p<0.05$）。

表 3-1　氮添加浓度（R）、形态（T）和年份（Y）对群落物种多样性指数影响的方差分析

来源	自由度	丰富度指数	Shannon 指数	均匀度指数
R	5	65.67**	23.15**	49.08**
T	3	7.04*	4.57**	9.08*
Y	3	95.26*	37.87*	14.65*
R×T	15	4.92	0.23	1.59
R×Y	15	3.12*	4.30*	2.10*
T×Y	9	1.67	3.74	2.11
R×T×Y	45	3.18	1.76	4.86

注　* 表示 $p<0.05$，** 表示 $p<0.01$。

如图 3-3 所示，NH_4Cl 和 $NaNO_3$ 配合添加时，中氮添加（N20）的群落物种丰富度最大，极高氮添加（N80）最小，且二者差异显著。单独添加 $NaNO_3$ 时，群落物种丰

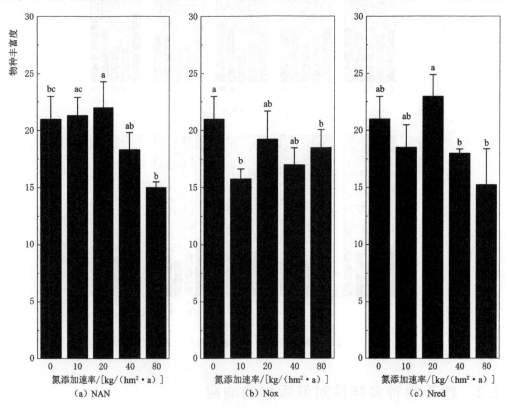

图 3-3　不同氮添加浓度植物群落的物种丰富度指数（mean±SD）

（不同字母代表差异显著）

富度普遍降低，但仅在低氮（N10）和极高氮（N80）添加时差异显著。单独添加 NH_4Cl 时，高氮（N40）、极高氮（N80）添加的群落物种丰富度显著低于中氮（N20）。

如图 3-4 所示，伴随监测年份增加，样地高寒草甸群落的物种丰富度指数呈现明

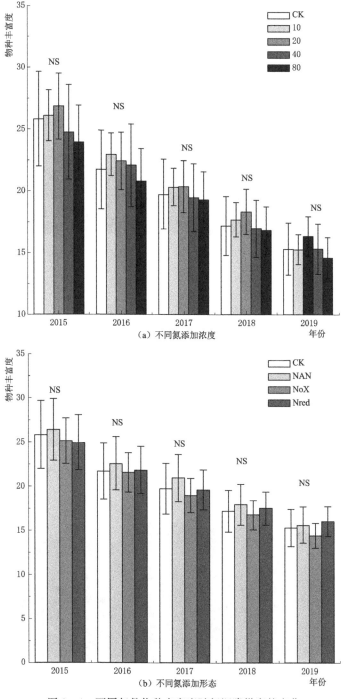

（a）不同氮添加浓度

（b）不同氮添加形态

图 3-4　不同年份物种丰富度随氮沉降梯度的变化

显的减小趋势。试验初期整体表现为 NH_4Cl 和 $NaNO_3$ 混合氮添加对物种丰度的作用最强，而 $NaNO_3$ 形态氮添加的作用最弱。在试验末期（2019 年），NH_4Cl 氮添加形态对物种丰富度的作用最强。在所有观测年份中，氮添加的不同形态之间不存在显著差异。

整体上，伴随着氮添加浓度的增大，群落中物种 Shannon 指数呈现明显的单峰型趋势（图 3-5），并且随着监测年份趋势愈加陡峭；同时，Shannon 指数呈现逐年下

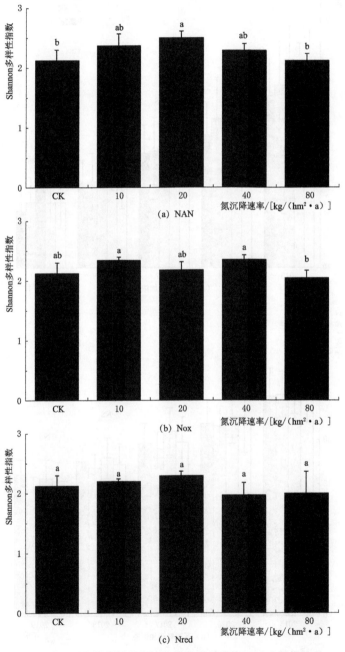

图 3-5　不同氮添加浓度植物群落物种 Shannon 多样性指数

降的趋势（图 3-6）。具体而言，中氮水平（N20）的 NH_4Cl 和 $NaNO_3$ 配合添加处理的 Shannon 指数显著高于 CK 和极高氮（N80）处理。$NaNO_3$ 单独添加时，极高氮（N80）水平的 Shannon 多样性指数显著低于低氮（N10）和高氮水平（N40）。

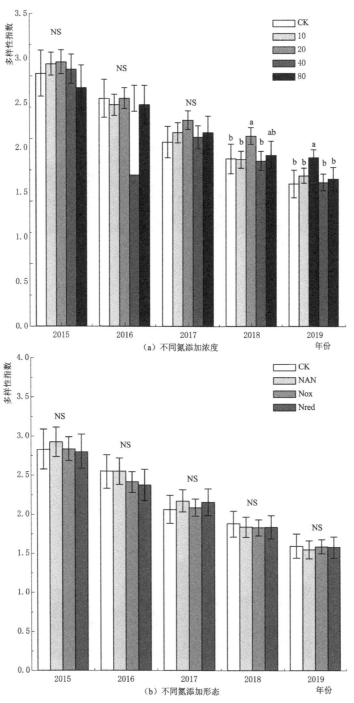

图 3-6 不同监测年份植物群落中的物种 Shannon 多样性指数

不同氮添加浓度群落中的物种均匀度指数如图 3 - 7 所示。整体上，伴随着氮添加浓度的增大，群落中物种均匀度指数也呈现明显的单峰型趋势，并且随着监测年份趋势愈加陡峭；同时，均匀度指数也随着监测年份增加逐渐减小。而在分别单独添加 NH_4Cl 和 $NaNO_3$ 时，中氮（N20）水平群落中物种均匀度指数显著高于其他水平，并且以中氮（N10）、高氮（N40）水平最低。

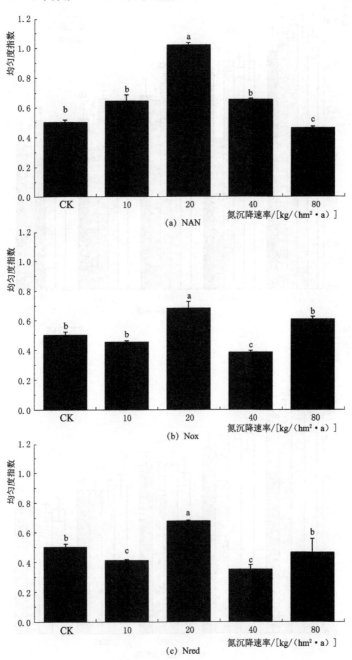

图 3 - 7　不同氮添加浓度群落中的物种均匀度指数

　　试验初期（2015—2016 年），群落中物种均匀度指数在不同形态氮添加处理之间无显著差异（图 3-8）；而在试验中期（2017—2018 年），单独添加 NaNO₃ 处理群落的均匀度指数显著高于单独添加 NH₄Cl 处理；试验末期（2019 年），三种形态氮添加

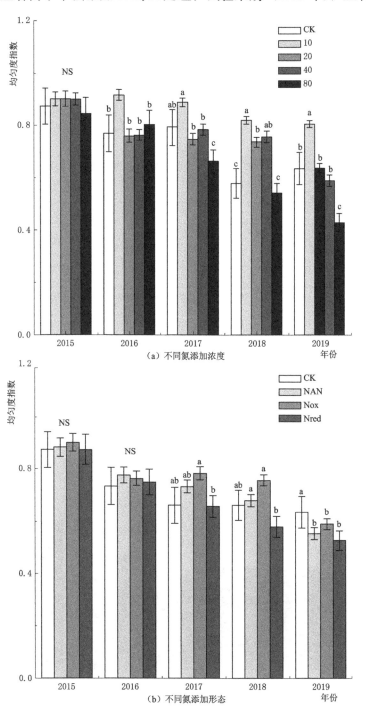

图 3-8　不同监测年份植物群落中的物种均匀度指数

处理的群落均匀度指数均显著低于 CK。

3.2.3 群落地上生物量对氮添加的响应

不同氮沉降浓度、氮沉降形态、年份差异对不同功能群的生物量表现出不同的作用（表 3-2）。禾本科、莎草科、杂类草生物量及植被净生产力均随不同年份表现显著差异（$p < 0.01$）。氮沉降浓度仅对禾本科生物量表现显著的作用，而对其他功能群生物量和净生产力没有显著的作用。氮沉降形态显著改变了莎草科和杂类草的生物量，而对禾本科及净生产力无显著影响。

表 3-2　　以年和区组为随机效应，施氮梯度和施氮形态为主要效应，重复测量方差分析结果

变异源	GB	SB	FB	ANPP
区组	0.0564	0.0275	0.0672	0.215
年份	<0.01	<0.01	<0.01	<0.01
氮沉降速率	0.0384	0.0706	0.525	0.122
氮沉降形态	0.0557	0.0416	0.0362	0.291

注　土壤净第一性生产力（ANPP）、禾本科生物量（GB）、莎草科生物量（SB）和杂类草生物量（FB）。

NH_4Cl 和 $NaNO_3$ 混合添加时，极高氮水平（N80）的群落地上生物量（AGB）多年均值显著高于其他处理 [图 3-9（a）]；分别单独添加 NH_4Cl 和 $NaNO_3$ 对群落 AGB 多年均值的影响不显著 [图 3-9（b），（c）]。随着监测年份增加，群落地上生物量有增加的趋势，氮添加浓度的增大对这种群落水平地上生物量的增加有促进效应，但仅在监测后期出现；同时，不同形态氮添加的群落地上生物量之间差异性不显著（图 3-10），整体表现为 NH_4Cl 和 $NaNO_3$ 混合添加的地上生物量最高，而单独 $NaNO_3$ 添加的地上生物量最低。

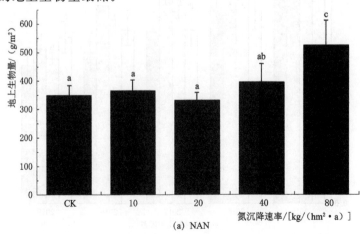

(a) NAN

图 3-9（一）　不同氮添加浓度群落地上生物量的多年均值

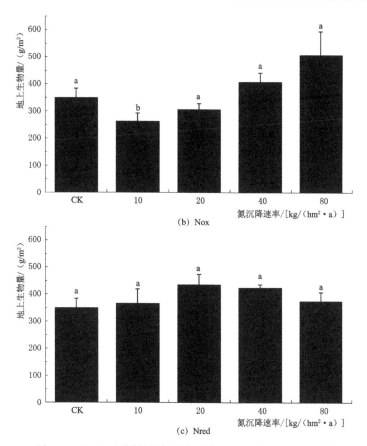

图 3-9（二） 不同氮添加浓度群落地上生物量的多年均值

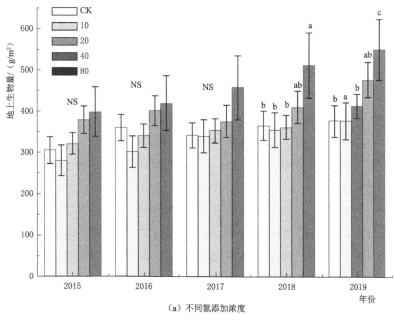

（a）不同氮添加浓度

图 3-10（一） 不同监测年份的群落地上生物量

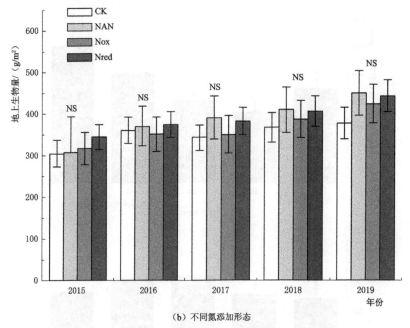

（b）不同氮添加形态

图 3-10（二）　不同监测年份的群落地上生物量

3.3　讨论

3.3.1　氮添加对高寒草甸群落结构和多样性的影响

　　植株高度是群落结构的重要指标，反映了不同物种对光资源的竞争能力。高大的植株可以优先获取光资源，而对相邻矮小物种叶片导致遮蔽和覆盖，从而影响其光合作用（Yang et al.，2010）。因此，在研究草地植被的群落组成时植株高度具有十分重要的意义（Brassard & Chen，2016）。不同的植物功能群在生长、代谢方面往往存在差异。禾草功能群对氮素的利用率较高，并且地上部生长迅速，因此在氮添加背景下，其植株高度和盖度往往迅速增加，并增大其竞争优势（Jiang et al.，2010）。本研究的结果类似，在氮添加处理下，禾草功能群的相对高度和盖度均增大。相比之下，莎草、杂类草功能群由于植株高度较小，对氮素不敏感（Sim et al.，2002），相对禾草功能群的竞争优势较弱，因此在氮添加的处理中表现为相对高度和盖度的减小。

　　群落中的物种多样性指数是描述群落结构及稳定性的重要指标。不同群落中多样性指数的变化，可作为比较生态系统资源的指标，也可预测群落演替的方向等。在五年的试验监测中，高寒草甸群落中物种的多样性指数，包括丰富度指数、Shannon多样性指数和均匀度指数均呈现逐年降低的趋势，表明群落中的植物物种构成逐渐趋向单一化，其主要原因是群落中竞争优势较大的禾草功能群物种丰度的增加，这一结果与草地群落在不受动物取食干扰下的演替方向一致（Yang et al.，2016）。

　　大量的观测和试验结果表明，群落中外源氮素的增加会导致物种多样性的下降（Phoenix，2006；Clark，2008）。本研究中，随着氮添加浓度的提高，群落中物种的丰富度指数、Shannon 多样性指数和均匀度指数均呈现明显的单峰曲线趋势；这可能是由于：①群落中的物种为了争夺增加的氮素养分，从地下部分向地上部分转变（任继周 等，2010；张志杰 等，2010）；②外源氮添加使群落生产力增加，并造成植物密度降低，导致某些稀有物种的丧失（张志杰 等，2010）；③地表凋落物的累积及植被覆盖率的增加，阻碍了地表的空气循环和水分蒸发，影响了植物种子的萌发和幼苗的存活（张志杰 等，2010；Holland & Leman，1987），从而导致群落的生物多样性的降低。

3.3.2　氮添加对高寒草甸群落生产力的影响

　　氮沉降能够促进大多数陆生植物生物量的增长，这主要是由于氮沉降能够直接导致土壤中养分含量的增加，减弱植物生长的氮限制，从而刺激植物生长，提高群落生产力（Jiang et al.，2013；白永飞 等，2010）。本研究发现，氮添加对高寒草甸群落生产力的影响随着监测年份的延长逐渐趋于显著，同时仅在较高的添加量时具有显著的促进作用。传统观点认为，陆地生态系统普遍受到氮素的限制，因此氮素的增加能够有效地提高群落初级生产力。同时，植物群落的生产力对氮添加的响应存在饱和效应，过量的氮添加可能会导致群落生产力的下降（Ma et al.，2020）。这种差异可能一方面来自于本研究中所设置的氮添加浓度较低，另一方面样地位于河流阶地，地下水位较高，土壤中氮素缺乏。

　　外源的氮输入通常被认为能够促进植物对氮吸收，从而刺激植物的生长（Bai et al.，2010），但持续的高氮环境能够导致土壤中硝酸盐的损失以及碱阳离子的损失，从而导致土壤出现酸化（Lucas et al.，2010）。本研究中，在三种形态的氮沉降作用下，土壤 pH 均随着氮沉降速率的增加而显著降低。这主要是由于 NH_4NO_3（硝酸铵）和尿素比 NH_4^+（铵离子）和各种类型的氮肥更容易导致土壤酸化（Tian & Niu，2015）。因为 NH_4^+ 取代了吸附在表层土壤上的金属阳离子（Ca^{2+}、Mg^{2+}、K^+、Na^+），削弱了土壤酸化时金属阳离子的缓冲能力（Roth Well et al.，2008；Gundersen et al.，2006）。硝酸根离子通过土壤溶液平衡从土壤中沉淀出来，外部环境条件影响土壤酸化对氮沉降的响应（Tian & Niu，2015）。土壤的有机质含量高时有助于对土壤酸化的抑制，这是因为相比于矿质土壤，有机质的阳离子交换能力更

强 (Šimanský & Polláková，2014)。此外，在土壤酸化过程中，作为缓冲剂的阳离子类型因土壤初始 pH 而异 (Bowman et al.，2008)，当土壤的 pH 超过 7.5 时，土壤酸化会被碳酸钙所缓解从而导致碳的损失 (Yang et al.，2012)。当土壤的 pH 在 4.5～7.5 之间时，土壤中的 Ca^{2+}、Mg^{2+}、K^+ 等碱性的离子能够对土壤酸化起缓冲作用 (Bowman et al.，2008)。而当土壤 pH 低于 4.5 时，土壤中的 Ca^{2+}、Mg^{2+}、K^+ 等碱性的离子会被耗尽，这时土壤中的非碱性离子（如 Al^{3+}、Fe^{3+}、Mn^{2+}）就能够被激活并在土壤酸化的缓冲中发挥作用 (Bowman et al.，2008)。另外，有研究发现，生态系统会在长期的氮沉降之后表现出对氮沉降的适应 (Tian & Niu，2015)。这是因为长期的高氮输入会导致生态系统的植物物种组成的变化，更多比例的物种能够适应高氮条件，并且随着生态系统固氮能力的增加，碱性阳离子受到刺激 (Tian & Niu，2015)。此外，对于不同的生态系统类型，相同的氮沉降对土壤酸化的作用可能存在差异性。通常，相比森林土壤，草地生态系统的土壤对于土壤酸化的敏感性更高 (Tian & Niu，2015)。地上生物量与土壤硝态氮含量的相关性如图 3-11 所示。

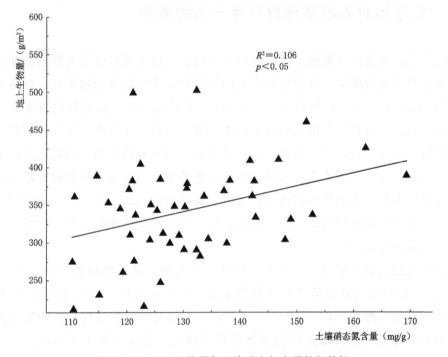

图 3-11 地上生物量与土壤硝态氮含量的相关性

本研究中，三种形态的氮添加对群落的生产力的影响并不一致。其中，NH_4Cl 和 $NaNO_3$ 配合添加处理的促进作用最强，单独添加 NH_4Cl 处理的作用强度次之，而单独添加 $NaNO_3$ 的促进作用最弱。这可能是由于高寒草甸群落中不同植物类型对不同形态氮素的吸收偏好性不同所致。洪江涛等（2016）对藏北高原紫花针茅群落的研究结果显示，禾草功能群在吸收时偏好铵态氮，而杂类草功能群更偏好硝态氮。马鹏飞（2018）在内蒙古多伦草地的研究得到了类似的结论，铵态氮的添加显著促进了禾草的生物量，而硝态氮则对杂类草生物量的作用更显著。因此，本研究中 NH_4Cl 和 $NaNO_3$ 配合添加的处理对群落生产力的促进更显著，可能是源于群落不同功能群物种所受到的氮素促进作用不均衡所致。

3.4 小结

（1）不考虑氮沉降形态的作用时，中氮处理（N20）为功能群相对盖度发生转变的一个关键拐点。低于 $20kg/(hm^2 \cdot a)$ 的氮添加处理表现为减少了禾草功能群的相对盖度，而增加了杂类草功能群的相对盖度，而在氮添加高于 $20kg/(hm^2 \cdot a)$ 时，氮沉降的增加会增加禾草功能群的相对盖度，而减少杂类草功能群的相对盖度。模拟氮沉降的增加在试验后期明显提高了禾草功能群的相对高度并降低了莎草功能群的相对高度，对杂类草功能群的相对高度没有明显的影响。

（2）氮添加对群落多样性的影响在试验初期不显著，而在试验后期表现出显著的趋势。在五年的试验监测中，随着氮添加浓度的提高，群落中物种的丰富度指数、Shannon 指数和均匀度指数均呈现明显的单峰曲线趋势，表明群落中的植物物种构成逐渐趋向单一化，其主要原因是群落中竞争优势较大的禾草功能群物种丰度的增加。

（3）经过五年的模拟氮沉降试验，青藏高原高寒草甸群落地上生物量对极高浓度的氮添加响应最高，而低氮浓度的氮添加对地上生物量的促进作用最低，同时年际间的差异较大。不同的氮添加形态对地上生物量的增加影响不明显。NAN 形态氮添加对生物量的促进作用最强，而 Nox 形态的氮添加对群落生物量的促进作用最弱，可能是由于高寒草甸群落中不同植物类型对不同形态氮素的吸收偏好性不同所致。

第 4 章

模拟氮沉降对土壤理化
属性的影响

在氮沉降增加的背景下，陆地生态系统中的土壤氮矿化过程和氮功能都受到了影响。大气氮沉降是草原生态系统的氮循环的重要驱动力，对土壤中可溶性有机氮和无机氮的转化过程均有重要的影响。土壤 C、N、P 含量的变化及其化学计量比的变化对植物生长和土壤碳氮循环具有重要影响。本章通过测定植物—土壤中 C、N、P 含量和化学计量比，进而分析不同氮沉降对植物—土壤 C、N、P 含量和化学计量比的影响。

4.1 试验方法

4.1.1 样品采集与制备

2019 年 8 月，在完成植被群落调查后，采集土壤样品。每个处理的样地沿对角线用土钻（直径 5cm）均匀采集 0～10cm 的样品 5 份（均匀混合）。采集的土壤样品装袋密封后，装入冰盒带回试验室及时进行处理。所有土壤样品提出肉眼可见的砾石、植物凋落物和根系等杂质，再过 2mm 孔径土壤样品筛，其中 1/4 直接保存在 −80℃ 的冰箱用于分析土壤微生物群落结构，1/4 用于分析土壤硝铵态氮含量，剩余 1/2 自然风干后，有一部分用于测定土壤 DOC、DON 和速效磷含量，剩余部分研磨至小于 1mm 用于测定土壤碳氮含量。

4.1.2 指标测定

土壤铵态氮（$NH_4^+ - N$）和硝态氮（$NO_3^- - N$）含量的测定：每份样品取 5g 鲜土，用 100mL 2 M KCl 溶液浸提（室温下在 200r/min 的摇床上震荡）1h 后过滤获取上清液，用连续流动分析仪（Skalar san++，Scalar co. Netherlands）测定其含量。

土壤可溶性有机碳（DOC）测定：取鲜土 5 g 用 50 mL 2M KCL 溶液浸提（室温下在 200r/min 的摇床上震荡）1h 后过滤获取上清液，将上清液用 0.45 μm 的滤膜过滤后用连续流动分析仪测定其含量。

土壤速效磷测定：用 0.2 M $NaHCO_3$ 溶液浸提风干土样（水土比＝10：1）后，将过滤后的上清液用分光光度计（880nm）比色。

土壤微生物量碳、氮（MBC 和 MBN）测定：用氯仿熏蒸浸提的方法测定。其中生物量碳、氮的修正系数分别为 0.38 和 0.45。

在土壤总碳（Total Carbon，TC）和总氮（Total Nitrogen，TN）的含量用元素

分析仪（vario toccube elementar）分析。

4.1.3　数据的统计和分析

采用双因素（不同氮添加浓度 R，不同形态氮添加 T）方差分析的方法分析土壤属性指标对氮添加的响应。显著性水平为 $p < 0.05$。采用 SPSS 16.0 软件进行单因素方差分析和 Pearson 相关性分析。

4.2　结果与分析

4.2.1　土壤 C、N、P 化学计量比的响应

与对照相比，低浓度（N10）和高浓度（N40）的铵态氮和硝态氮混合添加，增加土壤铵态氮含量，而中浓度（N20）和极高浓度（N80）处理却降低了土壤铵态氮含量。在硝态氮添加下，中浓度（N20）处理增加浓度土壤铵态氮含量，低浓度（N10）、高浓度（N40）和极高浓度（N80）处理却减少了土壤铵态氮含量。在铵态氮添加下，氮添加均能增加土壤铵态氮含量，土壤氨态氮含量随着氮添量的增加土壤而递减。方差分析表明，氮添加梯度、不同形态氮添加以及其相互作用对土壤铵态氮含量的影响无显著差异。氮添加对土壤铵态氮含量影响如图 4-1（a）所示。

与对照相比，不同浓度和不同形态的氮添加均能增加土壤硝态氮含量。其中，在铵态氮和硝态氮混合添加下，土壤硝态氮含量呈单峰增长（最高值在 N40 处理下）。低浓度（N10）和极高浓度（N80）硝氮添加显著增加土壤硝态氮含量，而中浓度（N20）和高浓度（N40）处理仅增加土壤硝态氮含量。不同梯度的铵态氮添加均能显著增加土壤硝态氮含量。方差分析表明，不同形态氮添加土壤硝态氮含量有显著影响（$p = 0.003$），而氮添加梯度和氮添加梯度与不同形态氮添加的相互作用对土壤硝态氮含量的影响无显著差异。氮添加对土壤硝态氮含量影响如图 4-1（b）所示。

与对照相比，低浓度（N10）和极高浓度（N80）铵态氮和硝态氮混合添加增加土壤速效磷含量，而中浓度（N20）和高浓度（N40）处理却降低土壤速效磷含量（图 4-2）。不同浓度的硝态氮、铵态氮添加均增加土壤速效磷含量（图 4-2）。方差分析表明，氮添加梯度、不同形态氮添加以及其相互作用对土壤铵态氮含量的影响无显著差异（图 4-2）。

与对照相比，低浓度（N10）和高浓度（N40）铵态氮和硝态氮混合添加增加了

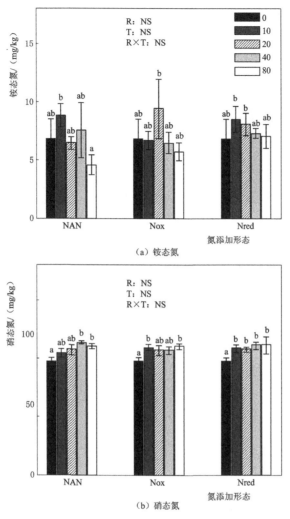

图 4-1 氮添加对土壤铵态氮、硝态氮含量的影响

(NAN、Nox 和 Nred 分别表示 $NH_4Cl + NaNO_3$，$NaNO_3$ 和 NH_4Cl 添加；0、10、20、40 和 80

表示氮添加浓度/[kg/(hm² · a)]；R、T、R×T 分别表示氮添加浓度、氮添加形态及其交互作用；NS

表示无显著差异，下同)

土壤 DOC 含量，而中浓度（N20）和极高浓度（N80）处理却减少了土壤 DOC 含量。低浓度（N10）和中浓度（N20）硝态氮添加降低了土壤 DOC 含量，而高浓度（N40）和极高浓度（N80）处理却增加了土壤 DOC 含量。低浓度（N10）、中浓度（N20）和极高浓度（N80）铵态氮添加增加了土壤 DOC 含量，而高浓度（N40）处理却显著增加了土壤 DOC 含量。方差分析表明，不同含量氮添加对土壤 DOC 含量有显著影响（$p = 0.049$），不同形态氮添加以及氮添加浓度和不同形态氮添加的相互作用对土壤 DOC 含量的影响无显著差异。氮添加对土壤可溶性有机碳含量的影响如图 4-3（a）所示。

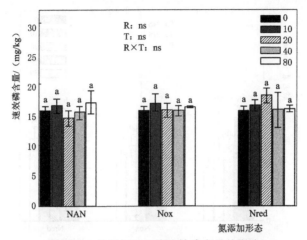

图 4-2 氮添加对土壤速效磷含量的影响

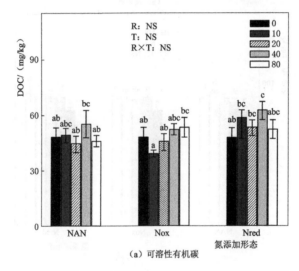

（a）可溶性有机碳

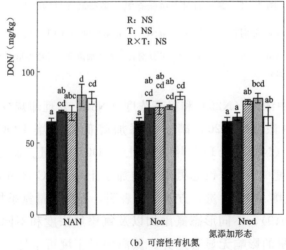

（b）可溶性有机氮

图 4-3 氮添加对土壤可溶性有机碳氮含量的影响

与对照相比，低浓度（N10）和中浓度（N20）铵态氮和硝态氮混合添加增加了土壤 DON 含量，而高浓度（N40）和极高浓度（N80）处理却显著增加了土壤 DON 含量。低浓度（N10）、中浓度（N20）和高浓度（N40）硝态氮添加增加了土壤 DON 含量，而极高浓度（N80）处理却显著增加了土壤 DON 含量。低浓度（N10）、中浓度（N20）和极高浓度（N80）铵态氮添加处理增加了土壤 DON 含量，而高浓度（N40）处理却显著增加了土壤 DON 含量。方差分析表明，不同形态氮添加对土壤 DON 含量有显著影响（$p = 0.007$），而不同含量氮添加、不同形态氮添加以及氮添加梯度和不同形态氮添加的相互作用对土壤 DON 含量的影响无显著差异。氮添加对土壤可溶性有机氮含量如图 4-3（b）所示。

与对照相比，低浓度（N10）、中浓度（N20）和极高浓度（N80）的铵态氮和硝态氮混合添加降低了土壤微生物生物量碳（MBC）含量，而高浓度（N40）处理却增加了土壤 MBC 含量。与对照相比，低浓度（N10）和高浓度（N40）的硝态氮添加增加了土壤 MBC 含量，而中浓度（N20）和极高浓度（N80）处理却降低了土壤 MBC 含量。与对照相比，低浓度（N10）、高浓度（N40）和极高浓度（N80）的铵态氮添加降低了土壤 MBC 含量，仅中浓度（N20）处理增加了土壤 MBC 含量。与对照相比，不管是混合态氮的添加还是单一形态氮的添加都降低了土壤 MBC 含量。方差分析表明，氮添加梯度、不同形态氮添加以及其相互作用对土壤 MBC 和微生物生物量氮（MBN）含量的影响无显著差异。氮添加对土壤微生物量碳氮含量如图 4-4 所示。

与对照相比，仅极高浓度（N80）的铵态氮和硝态氮混合添加降低了土壤 C 含量，其他处理均不同程度地增加了土壤 C 含量 [图 4-5（a）]。与对照相比，仅低浓度（N10）铵态氮添加降低土壤 N 含量外，其他处理均不同程度地增加了土壤 N 含量 [图 4-5（b）]。与对照相比，低浓度（N10）和高浓度（N40）的铵态氮和硝态氮混合添加增加了土壤 C：N，而中浓度（N20）和极高浓度（N80）处理降低了土壤 C：N [图 4-5（c）]。与对照相比，仅高浓度（N40）的硝态氮添加增加降低了土壤 C：N，而低浓度（N10）、中浓度（N20）和极高浓度（N80）处理却增加了土壤 C：N。与对照相比，低浓度（N10）、高浓度（N40）和极高浓度（N80）的硝态氮添加降低土壤 MBC 含量，仅中浓度（N20）处理增加了土壤 MBC 含量。不同浓度铵态氮添加后对土壤 C：N 的影响与硝态氮一致。方差分析表明，氮添加梯度、不同形态氮添加以及其相互作用对土壤 C、N 含量和 C：N 的影响无显著差异。氮添加对土壤碳、氮含量及其比例的影响如图 4-5 所示。

4.2.2　相关性分析

不论是铵态氮和硝态氮混合添加，还是单一的氮形态添加，均极显著地降低了

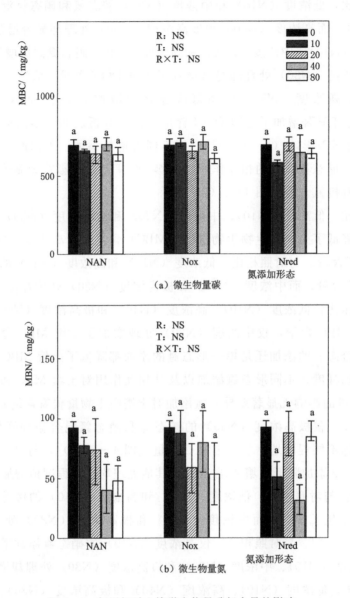

（a）微生物量碳

（b）微生物量氮

图 4-4 氮添加对土壤微生物量碳氮含量的影响

表层土壤的 pH [图 4-6 (a)，(d)，(g)]。与对照相比，铵态氮和硝态氮混合添加显著增加了表层土壤的可溶性有机氮含量（$R^2 = 0.23$，$p < 0.05$）和硝态氮含量（$R^2 = 0.19$，$p < 0.05$）[图 4-6 (b)，(c)]。硝态氮的添加也显著增加了土壤的可溶性有机氮含量（$R^2 = 0.31$，$p < 0.01$）[图 4-6 (e)]。而铵态氮的添加，不仅显著增加了土壤中的硝态氮含量（$R^2 = 0.26$，$p < 0.05$）[图 4-6 (f)]，而且显著增加了表层土壤中的碳、氮含量（$R^2 = 0.19$，$p < 0.05$；$R^2 = 0.18$，$p < 0.05$）[图 4-6 (h)，(i)]。

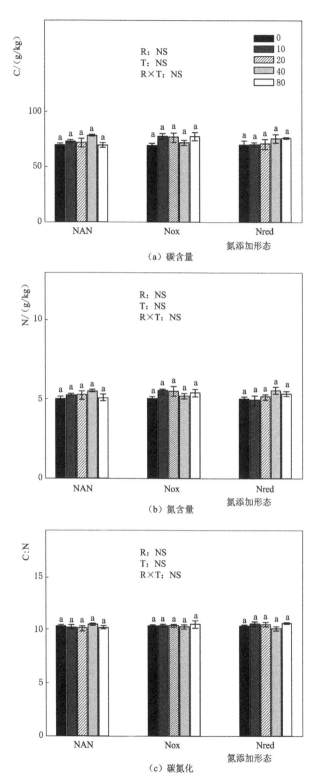

（a）碳含量

（b）氮含量

（c）碳氮化

图 4-5　氮添加对土壤碳、氮含量及其比例的影响

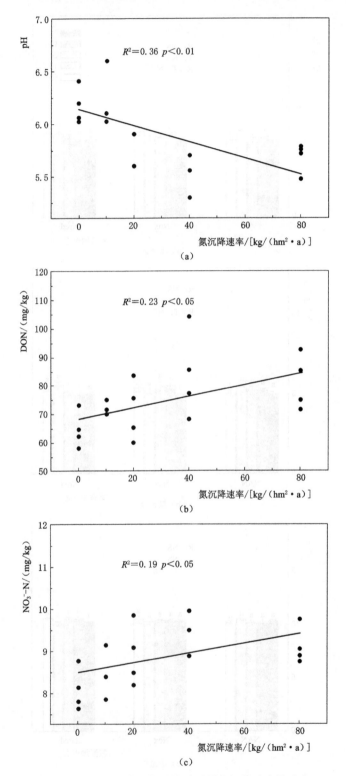

图 4-6 (一) 土壤理化属性对不同氮沉降速率的响应

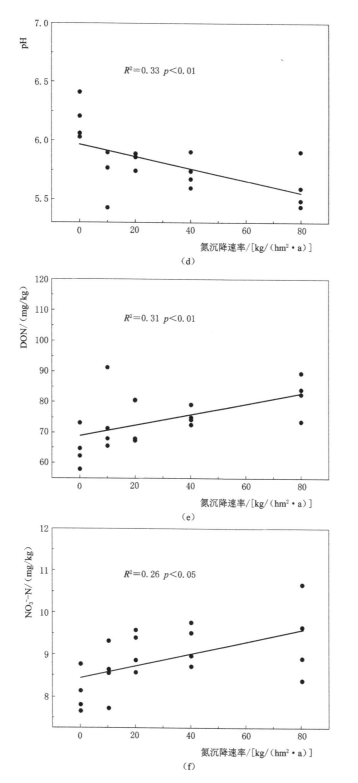

图 4-6（二） 土壤理化属性对不同氮沉降速率的响应

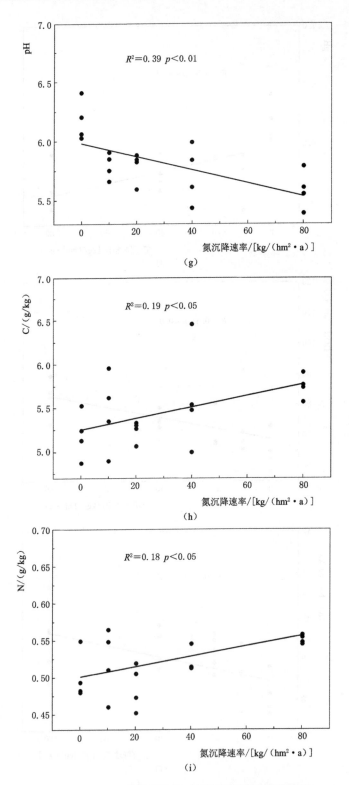

图 4 - 6（三）　土壤理化属性对不同氮沉降速率的响应

4.3 讨论

4.3.1 模拟氮沉降对土壤速效养分的影响

土壤硝态氮和铵态氮是土壤速效氮的主要形式，也是植物直接使用的氮的主要形式（Jinan Yang，2014；Näsholm & Persson，2001）。通常认为氮沉降的增加能显著提高土壤中硝态氮和铵态氮的含量，这主要是因为模拟氮添加一般都是以无机氮的形式进行的，此外氮添加在增加植物群落生产力的同时还可以加速土壤矿化（Yang et al.，2021）。然而，研究结果表明不同浓度的氮添加仅增加或显著增加了硝态氮的含量［图4-1（b）］，这可能是因为植物吸收硝态氮所消耗的能量要比铵态氮多，因此在铵态氮和硝态氮共存时，土壤中会残留更多的硝态氮（Wang & Macko，2011），加之土壤微生物对硝态氮的吸收也较慢（Brenner et al.，2005）所致。

在不同形态的氮添加下，不同的氮添加浓度对土壤铵态氮含量的影响没有一致规律［图4-1（a）］这可能是由于氮添加会改变草甸的植被群落构成，而不同种的植物对氮的吸收也有不同的偏好（Zong et al.，2016）所造成的。速效磷作为土壤中比较缺少的养分元素，往往是生态系统的限制性元素。研究结果表明，除中浓度（N20）和高浓度（N40）铵和硝态氮混合添加未能增加土壤速效磷含量外，其余处理均能不同程度的增加土壤速效磷含量（图4-2）。这可能是氮添加后，土壤微生物和根系会提高磷酸酶活性所导致的（Carreiro et al.，2002；Saiya et al.，2002）。

4.3.2 模拟氮沉降对土壤碳氮组成的影响

DOC是草甸土壤碳、氮循环的重要组成部分（Zhang et al.，2018），其动态取决于生物降解、氧化和土壤理化吸收和释放（Fang et al.，2014），主要取决于其来源和消耗的平衡（Yang et al.，2021）。本研究发现铵态氮的添加能够显著增加土壤中的DOC含量［图4-3（a）］，可能是因为氮添加增加了凋落物、根系脱落、根系分泌物（Fang et al.，2012；Bai et al.，2021）和可溶性物质（Deforest et al.，2005）等土壤有机残体的输入，刺激了土壤DOC（Fang et al.，2014）的产生和释放。土壤中的DON主要来源为有机质分解的中间产物、施入的有机肥料、微生物和根系的代谢产物和分泌物等（周建斌 等，2005）。研究表明DON既能在微生物作用下转化为无机氮被植物吸收利用，也能直接被植物吸收利用，在氮循环过程中起着至关重要的作用（雷秀美 等，2019）。有研究表明氮添加能够增加土壤 DON 含量（Currie et al.，1996），这与本研究的研究结果是一致的［图 4-3（b）］。

微生物量是评价土壤质量变化的生物学指标（马泽跃 等，2022），氮添加对土壤微生物量碳、氮的影响有显著增加、显著抑制和不显著三种情况，但是长期氮添加会抑制土壤土壤微生物量碳、氮含量这一结论是被大众接受的主流观点（杨振安，2017）。本研究发现氮添加对土壤微生物量碳氮含量（图 6-4）的降低均不显著。这种抑制主要是因为：①氮添加使土壤酸化，导致土壤速效养分的淋失和阳离子（如 Mn^{2+} 和 Fe^{3+}）富集（Yang 等，2021），从而破坏了微生物细胞（Pietri and Aciego Brookes 2008）；②氮添加会减少植被地下部分有机质输入（杨振安，2017）和抑制木质素降解酶活性，使得土壤微生物量限制加剧（周世兴 等，2016）；③氮添加还会对土壤微生物群落以及微生物酶产生胁迫效应，抑制微生物的生长和活性，造成土壤微生物量的降低（He et al.，2011）。

氮添加可以增加植被群落生物量，为增加土壤碳、氮含量提供了充足的原料（Yang et al.，2021），同时氮的添加增加了土壤矿化速率，能及时分解增加的生物量产生的有机质（Yang et al.，2021）。然而本研究发现氮添加对土壤碳含量的改变和土壤氮含量的增加不显著（图 4-5）。这是因为与在本研究区域内其他类似的研究相比，本研究所设定的氮添加梯度明显很低（Ma et al.，2021），同时，有研究指出长期的氮添加才会改变土壤碳氮含量（Yuan et al.，2020；Zong et al.，2016），因此本研究所设置的氮添加浓度还不足以显著改变土壤碳氮含量。

4.4　小结

（1）氮添加梯度对表层土壤的铵态氮、速效磷、DOC、MBC、MBN、TC 和 TN 含量和 C∶N 的影响无显著差异，而对表层土壤 pH、硝态氮、DON 含量的影响存在显著差异。

（2）不同形态氮添加对表层土壤的铵态氮、速效磷、DOC、MBC、MBN、TC 和 TN 含量和 C∶N 的影响无显著差异，仅对表层土壤硝态氮和 DON 含量的影响存在显著差异。

第 5 章

模拟氮沉降对高寒草甸
温室气体排放的影响

作为主要的陆地生态系统类型之一，高寒草甸生态系统对大气氮沉降的增加十分敏感。氮沉降的增加，可能通过对土壤碳氮养分、植物种群以及相关微生物丰度和多样性的改变，影响高寒草甸的 CH_4、CO_2 和 N_2O 的排放通量。本文通过连续多年的气体通量监测试验，探究高寒草甸三种温室气体通量的季节变化，并分析不同的氮沉降水平对 CH_4、CO_2 和 N_2O 排放的影响机制。

5.1 试验方法

5.1.1 气体样品采集

气体收集通过静态箱法，样品箱分为上箱和底座，箱体由 50cm 长的不锈钢板焊接并使用铝膜包围，防止太阳辐射下箱内温度升高而影响观测的结果。顶部高 50cm，箱内部分有黄铜管制成螺旋状（$\Phi=2mm$）连接箱内外空气。试验开始前 48h 在试验场地埋入基座，高度为 10cm，以平衡土壤扰动对试验结果的影响，埋深通常为 8～10cm，取决于试验场地草地基质的稳定性。在试验开始时，将箱体垂直插入底部基座从而密封两个装置连接之间的空气。气体收集使用一个 10mL 的真空瓶（William Shakespeare，Hope Quote），采样间隔为 0min、5min、10min、15min，并在 0min、15min 时读取并记录箱内温度。

2016 年 7 月—2018 年 7 月进行气体采集，每月采集一次，立即带至试验室分析 CH_4、CO_2 和 N_2O 的浓度，计算三种气体的排放量。

排放通量计算公式为

$$J = \frac{dc}{dt} \frac{M}{V_0} \frac{P}{P_0} \frac{T_0}{T} H$$

式中　　　J——CH_4、CO_2 和 N_2O 的气体通量，$mg/(m^2 \cdot h)$；

　　　　dc/dt——气体采集时气体的浓度随时间变化的斜率；

　　　　　M——气体对应的摩尔质量；

　　　　　P——试验区域的大气压；

　　　　　T——采气体采集时的绝对温度；

V_0，T_0，P_0——标准状态下的气体的摩尔体积、绝对温度和空气气压；

　　　　　H——土壤表层以上的气体采集箱的高度。

该公式用于计算土壤 CH_4、CO_2 和 N_2O 的排放通量（高永恒，2007）。

5.1.2　数据统计及分析

应用双因素多元方差分析研究施氮处理和试验年份对三种温室气体排放通量的影响，并采用 Duncan 检验法进行多重比较。采用 SPSS 16.0 软件进行单因素方差分析和 Pearson 相关性分析。

5.2　结果与分析

5.2.1　甲烷排放的季节动态及响应

不同氮形态下月平均甲烷排放通量变化如图 5-1 所示，高寒草甸生态系统排放甲烷主要集中在生长季 5—9 月，但在铵态氮添加时在非生长季发现较高的甲烷排放。土壤甲烷排放在 2018 年 7 月铵态氮与硝态氮混合添加的高（N40）浓度处理达到最高值，最高的 CO_2 排放通量为 $0.865 \pm 0.49 \text{mg/(m}^2 \cdot \text{h)}$。不同浓度氮添加处理之间甲烷排放差异不显著。不同形态氮添加处理的甲烷排放存在显著的差异（图 5-2，$p = 0.03$）。

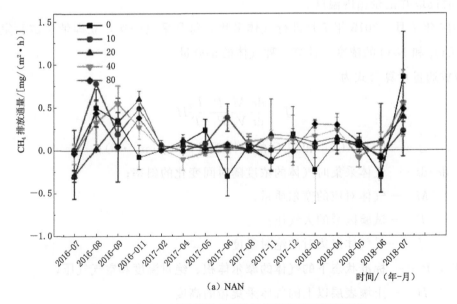

（a）NAN

图 5-1（一）　不同氮形态下月平均甲烷排放通量变化

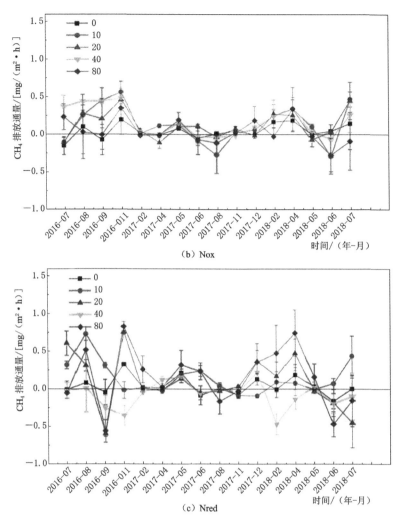

图 5-1（二）　不同氮形态下月平均甲烷排放通量变化

（用平均值± SDs 表示数值。t 检验分析数据的差异显著性，显著性水平均设置为 $p < 0.05$）

与对照相比，中浓度（N20）的铵态氮和硝态氮混合添加，显著增加了土壤甲烷的排放（图 5-2）。在硝态氮添加下，低浓度（N10）和极高浓度（N40）处理显著增加了土壤甲烷的排放（图 5-2）。在铵态氮添加下，不同浓度的氮添加均能显著增加甲烷的排放。方差分析表明，不同氮添加形态（T）对土壤甲烷的排放有显著差异（$p = 0.03$），而氮添加梯度（R）以及与氮添加形态的相互作用（R×T）对土壤甲烷排放的影响无显著差异。

5.2.2　二氧化碳排放的季节动态及响应

高寒草甸土壤 CO_2 排放主要集中在生长季，在 2016 年 7 月铵态氮添加的高浓

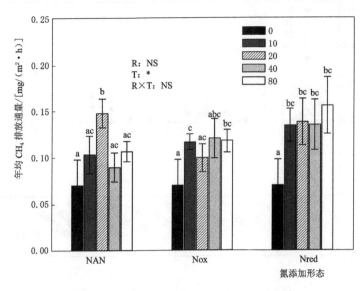

图 5-2　氮沉降对年均甲烷排放通量的影响

度（N40）处理达到最高值，最高的 CO_2 排放通量为 520.32±119.32mg/(m² · h)（图 5-3）。相比生长季，非生长季土壤的 CO_2 排放通量明显降低。不同氮添加梯度之间 CO_2 通量存在显著差异（$p=0.02$），不同氮添加形态之间 CO_2 通量不存在显著差异（图 5-4）。

　　与对照相比，低浓度（N10）、中浓度（N20）的铵态氮和硝态氮混合添加减少了土壤二氧化碳的排放，而高浓度（N40）和极高浓度（N80）的铵态氮和硝态氮混合添加增加了土壤二氧化碳的排放。在硝态氮添加下，低浓度（N10）、中浓度（N20）和高浓度（N40）处理显著增加了土壤二氧化碳的排放。在铵态氮添加下，不同浓度的氮添加均能增加土壤二氧化碳的排放。方差分析表明，不同氮添加梯度（R）对土壤二氧化碳的排放有显著差异（$p=0.02$），而不同氮添加形态（T）以及与氮添加梯度的相互作用（R×T）对土壤二氧化碳排放的影响无显著差异。氮沉降对年均 CO_2 排放通量的影响如图 5-4 所示。

5.2.3　氧化亚氮排放的季节动态及响应

　　研究结果表明，高寒草甸土壤氧化亚氮通量季节变异性较大，在生长季（5—9月）主要表现为氧化亚氮的源，而在非生长季主要表现为氧化亚氮的汇。氧化亚氮的排放在 2017 年 11 月铵态氮添加的高浓度（N40）处理达到最高值，最高的氧化亚氮排放通量为 0.436±0.302mg/(m² · h)。不同浓度氮沉降下土壤氧化亚氮通量之间无显著差异（图 5-5）。

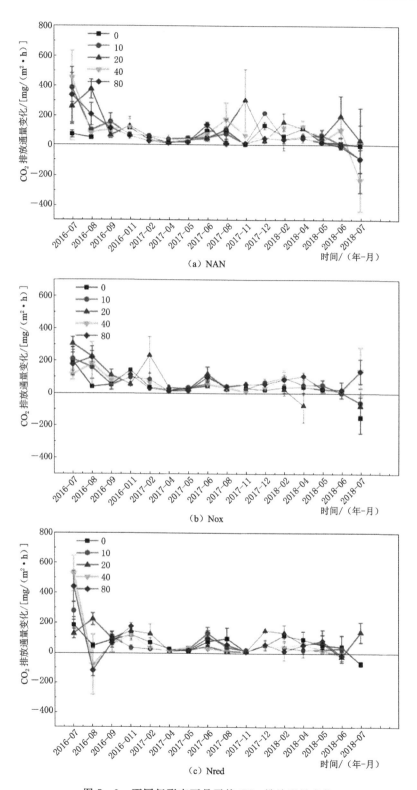

图 5-3 不同氮形态下月平均 CO_2 排放通量变化

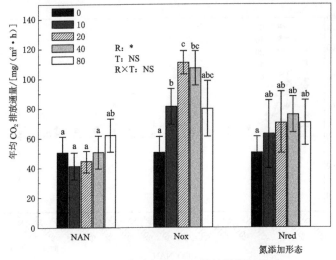

图 5-4　氮沉降对年均 CO_2 排放通量的影响

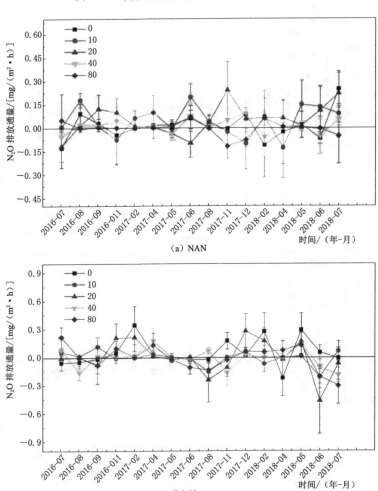

（b）Nox

图 5-5（一）　不同氮形态下月平均氧化亚氮排放通量变化

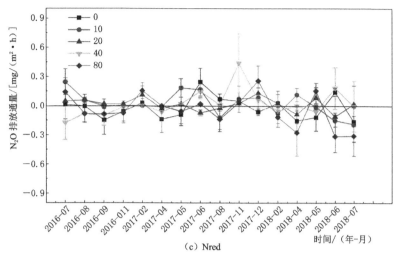

（c）Nred

时间/（年-月）

图 5-5（二）　不同氮形态下月平均氧化亚氮排放通量变化

与对照相比，低浓度（N10）、中浓度（N20）和极高浓度（N80）的铵态氮和硝态氮混合添加显著增加了土壤氧化亚氮的排放，而高浓度（N40）的铵态氮和硝态氮混合添加减少了土壤氧化亚氮的排放。在硝态氮添加下，低浓度（N10）、中浓度（N20）和高浓度（N40）处理均显著增加了土壤氧化亚氮的排放。在铵态氮添加下，低浓度（N10）、中浓度（N20）和高浓度（N40）的氮添加处理减少了土壤氧化亚氮的排放。方差分析表明，不同的氮添加形态（T）对土壤氧化亚氮的排放有显著差异（$p=0.032$），而不同氮添加梯度（R）以及与氮添加形态的相互作用（R×T）对土壤氧化亚氮排放的影响无显著差异。氮沉降对年均氧化亚氮排放通量的影响如图5-6所示。

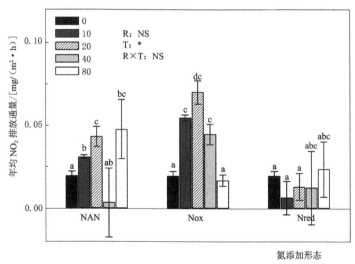

氮添加形态

图 5-6　氮沉降对年均氧化亚氮排放通量的影响

5.3　讨论

5.3.1　氮沉降对高寒草甸 CH_4 排放的影响

根据本研究结果，青藏高原高寒草甸生态系统是 CH_4 的源。在本研究中，发现适度的氮添加提高了高寒草甸生态系统中 CH_4 的排放（图 5-2）。另一方面，三种形态氮添加处理的 CH_4 排放存在较大的差异，表现为 Nred 形态氮添加的 CH_4 排放最高，Nox 形态氮添加的 CH_4 排放最低，NAN 混合氮添加居中（图 5-2）。

土壤 CH_4 排放源于厌氧的条件下产甲烷菌对土壤中有机物质的氧化。而在通气良好的土壤之中，CH_4 能够被土壤中的甲烷氧化细菌所氧化，从而形成土壤中 CH_4 的吸收。本研究中，CH_4 的排放主要集中在生长季（5—9月），而在非生长季的排放通量较低。而在 2018 年的 4 月，CH_4 的排放表现出较高的峰值，可能是受土壤的冻融过程影响。通常认为土壤的冻融过程，特别是冻融交替的过程中土壤的通风条件的变化能够对甲烷的排放有重要的影响。一方面，土壤冻结后形成的厌氧环境，有利于产甲烷菌活性的提高，从而促进土壤 CH_4 的产生和排放。另一方面，土壤融化过程中氧气的融合能够提高土壤中甲烷氧化菌的活性，从而促进 CH_4 的吸收（Churry et al.，2016）。

5.3.2　氮沉降对高寒草甸 CO_2 排放的影响

在试验研究的生长季和非生长季，生态系统 CO_2 排放趋势整体表现为"一峰一谷"的变化格局，与 5 cm 的土壤温度随季节的变化趋势相吻合。土壤 5 cm 温度最高出现在 8 月，最低出现在 1 月，其 CO_2 排放量远高于 8 月。也就是说，非生长季阶段的较低的土壤温度对高寒草甸土壤的微生物的代谢有抑制作用（Simonin et al.，2015）。而从 3 月中旬之后，高寒草甸土壤的 CO_2 排放通量表现为持续增加的趋势，一方面表层土壤的温度的上升可能促进了 CO_2 的排放，另一方面土壤的冻融过程也可能对 CO_2 的排放产生影响。冻融交替过程能够加速土壤团聚体的破坏，进而使团聚体内部的活性有机碳能够被更多地暴露出来，可以供应土壤呼吸过程以大量的碳源，因此提高了 CO_2 的排放（Matzner & Borken，2008）。另一方面，当土壤中失去活性的微生物被分解时，这些微生物能够作为基质加速土壤的呼吸作用（Larsen et al.，2002）。

本研究发现，CO_2 排放通量在冻结期达到峰值后逐渐下降，达到峰值 $300.19mg/(m^2 \cdot h)$（图 5-3）。冻融期 CO_2 的累积平均排放通量为 $280.7g/m^2$，并且累积的 CO_2 排放通量占年累积 CO_2 通量的比例约为 15.3%。在本研究中，与 Wang（2013）的研究结果相比，氮的添加对高寒草甸生态系统 CO_2 排放通量的影响不大，仅硝态氮的添加提高了高寒草甸 CO_2 的排放，CO_2 通量的季节格局变化没有改变。

5.3.3　氮沉降对高寒草甸 N_2O 排放的影响

N_2O 的来源主要产生于土壤的硝化过程（缺氧环境）和微生物的反硝化作用（有氧环境）。在本模拟氮沉降试验期内，无论是在生长季还是非生长季高寒草甸生态系统均观测到有 N_2O 的排放。生长季的 N_2O 平均累积排放量为 $107.24mg/m^2$，而在非生长季 N_2O 的平均累积排放量为 $162.48mg/m^2$。总体来说，相比其他生态系统，高寒草甸的 N_2O 在非生长季的累积排放量对 N_2O 的年累积排放量的贡献较高，达到 52.3%，这可能的原因是在非生长季，青藏高原地区的日照辐射强，仍然可以保持较高的地表温度，表层土壤中的硝化作用和微生物的反硝化过程促进了 N_2O 的排放（Wang et al.，2013）。此外，如图 5-7 所示，本研究发现 N_2O 排放通量与土壤充水孔隙度之间存在极显著的负相关关系（$p < 0.01$），在非生长季高寒草甸表层土壤充水孔隙度的降低促进了土壤中氮的矿化作用，从而导致了土壤 N_2O 排放的增加。

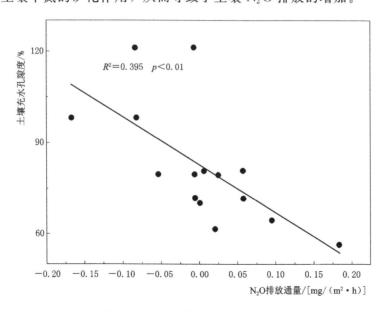

图 5-7　氧化亚氮排放通量与土壤充水孔隙度的相关性

整个冻融过程的 N_2O 平均累积排放量的值为 $52.16mg/m^2$，对非生长季的排放通量的贡献为 47.4%，高于 Wang（2013）的研究（20.8%），对年度累积排放的贡献为 23.6%。冻融季节氮添加后高寒草甸的 N_2O 排放可能受多个因素的影响：一方面，氮的输入增加了土壤中的有效氮含量，能够促进土壤的反硝化过程和 N_2O 的排放（Liu et al.，2004）；其次，温度的降低导致高寒草甸土壤中相关氮过程的微生物的活性和数量受到抑制（Sharma et al.，2006）；最后，在冻结期土壤中的水分被冻结为冰，降低了土壤的通气性，抑制了土壤 N_2O 向外的扩散（Khan et al.，2014）。

本研究结果表明，适度的混合氮添加（NAN）以及 Nox 氮添加可快速促进高寒草甸生态系统的 N_2O 排放，这可能是因为施氮肥后能够促进硝酸盐在土壤中的累积，而硝酸盐作为基质能够加速土壤中的反硝化过程，从而有利于土壤 N_2O 的排放。单一形态的 Nred 氮添加对高寒草甸的 N_2O 排放作用不显著，可能由于土壤 N_2O 排放的时空变异系数较高，存在较大的不确定性。具体机制还需要从微生物学的角度进一步研究。

5.4　本章小结

（1）三种形态的氮沉降均促进了高寒草甸土壤 CH_4 的排放，不同氮添加形态对土壤 CH_4 的排放有显著的影响。适度的硝态氮添加对高寒草甸土壤 CO_2 的排放有显著促进作用，而随着氮沉降浓度的增加，促进作用被抑制。铵态氮以及混合氮添加对高寒草甸土壤 CO_2 的排放没有显著影响。

（2）高寒草甸土壤氧化亚氮排放表现较大的季节差异性，硝态氮以及混合氮添加显著促进了高寒草甸生态系统土壤 N_2O 的排放，而铵态氮的添加对高寒草甸土壤 N_2O 的排放没有显著影响。

第 6 章

结 论 与 展 望

6.1　主要结论

本书通过在青藏高原高寒草甸群落中施加不同形态和不同梯度的氮处理，研究了群落的结构、多样性、生产力、土壤中 C、N、P 属性特征及细菌微生物群落结构和多样性的响应。主要研究成果如下所述：

（1）经过 5 年的模拟氮沉降试验，青藏高原高寒草甸群落地上生物量对极高浓度的氮添加响应最高，而低氮浓度的氮添加对地上生物量的促进作用最低。不同的氮添加形态对地上生物量的增加影响不明显。NAN 形态氮添加对生物量的促进作用最强，而 Nox 形态的氮添加对群落生物量的促进作用最弱，可能与高寒草甸群落中不同植物类型对不同形态氮素的吸收偏好性不同所致。

（2）氮添加对群落多样性的影响在试验初期不显著，而在试验后期表现出显著的趋势。在 5 年的试验监测中，随着氮添加浓度的提高，群落中物种的丰富度指数、Shannon 指数和均匀度指数均呈现明显的单峰曲线趋势，表明群落中的植物物种构成逐渐趋向单一化，其主要原因是群落中竞争优势较大的禾草功能群物种丰度的增加。

（3）不考虑氮沉降形态的作用时，中氮处理（N20）为功能群相对盖度发生转变的一个关键拐点。低于 $20kg/(hm^2 \cdot a)$ 的氮添加处理表现为减少了禾草功能群的相对盖度，而增加了杂类草功能群的相对盖度，而在氮添加高于 $20kg/(hm^2 \cdot a)$ 时，氮沉降的增加会增加禾草功能群的相对盖度，而减少杂类草功能群的相对盖度。模拟氮沉降的增加在试验后期明显提高了禾草功能群的相对高度和降低了莎草功能群的相对高度，对杂类草功能群的相对高度没有明显的影响。

（4）氮添加梯度对表层土壤的铵态氮、速效磷、DOC、MBC、MBN、TC 和 TN 含量和 C∶N 的影响无显著差异，而对表层土壤 pH、硝态氮、DON 含量的影响存在显著差异。不同形态氮添加对表层土壤的铵态氮、速效磷、DOC、MBC、MBN、TC 和 TN 含量和 C∶N 的影响无显著差异，仅对表层土壤硝态氮和 DON 含量的影响存在显著差异。

（5）氮沉降的增加均显著促进了 CH_4 的排放，但是促进作用的强弱因不同的氮素形态而存在差异。适度的硝态氮添加对高寒草甸土壤 CO_2 的排放有显著促进作用，而随着氮沉降浓度的增加，促进作用被抑制。铵态氮以及混合氮添加对高寒草甸土壤 CO_2 的排放没有显著影响。高寒草甸土壤氧化亚氮排放表现较大的季节差异性，硝态氮以及混合氮添加显著促进了高寒草甸土壤 N_2O 的排放，而铵态氮的添加对高寒草甸土壤 N_2O 的排放没有显著影响。

综上所述，本研究认为青藏高原高寒草甸植被—土壤系统对不同浓度和不同形态的模拟氮沉降的响应存在差异性。$20\mathrm{kg}/(\mathrm{hm}^2 \cdot \mathrm{a})$ 的氮添加浓度是一个关键拐点，而高浓度的氮添加导致了高寒草甸植被群落结构的改变和多样性的降低。三种形态的氮添加对群落的生产力的影响并不一致，可能是由于高寒草甸群落中不同植物类型对不同形态氮素的吸收偏好性不同，从而影响了土壤碳氮含量和 pH 变化，进而影响生态系统的结构和功能。因此，评估未来大气氮沉降的增加对高寒草甸生态系统的影响应同时考虑氮沉降的形态和浓度的作用及其共同的效应。该研究为理解高寒草甸生态系统如何适应气候变化和氮富集的新环境提供了新的视角，同时也为高寒草甸的恢复和可持续发展提供了一定的依据。

6.2　展望

针对高寒草甸生态系统植被与氮沉降之间的关系，未来还需要在以下方面开展研究：

（1）植物的群落变化是一个长期的过程，利用短期施肥后植物群落的变化来预测自然生态系统的长期变化是可能的，但不一定完全合理。因此，需要继续延长施肥时间，并观察群落的动态。

（2）目前的研究所关注的方向大多局限于对地上植被部分的研究。而地下根系部分的交互对于物种多态性的研究以及功能的多样性的计算等方面十分重要，将来有必要进行地下根系部分对多样性改变的功能性研究。

（3）在全球生态系统上，氮沉降是一个连续的过程，未来的研究有必要考虑进行设置密度更高的氮沉降梯度试验，从而更精细的模拟氮沉降对高寒草甸生态系统的影响。

参 考 文 献

[1] 卞志高，邓永昌，杨宏光．红原县天然草地产草量动态监测报告 [J]．四川草原，
  1997 (4)：42-43．

[2] 布仁图雅，姜慧敏．三种重要值计算方法的比较分析 [J]．环境与发展，2014 (6)：4．

[3] 陈发军，李斌，张静，等．川西北高原 13 种主要植物叶片的化学计量学特征分析 [J]．
  核农学报，2017，31 (6)：1179-1184．

[4] 陈廷同，张金屯．十五个物种多样性指数的比较研究 [J]．河南科学，1999 (S1)：
  55-57．

[5] 邓斌．高寒草地不同演替阶段植被变化和土壤碳氮磷的生态化学计量研究 [D]．兰州：
  兰州大学，2012．

[6] 董全民，赵新全，李世雄，等．草地放牧系统中土壤-植被系统各因子对放牧响应的研
  究进展 [J]．生态学杂志，2014，33 (8)：2255-2265．

[7] 董全民，赵新全，马玉寿，等．放牧对小嵩草草甸生物量及不同植物类群生长率和补
  偿效应的影响 [J]．生态学报，2012，32 (9)：2640-2650．

[8] 董世魁，汤琳，张相锋，等．高寒草地植物物种多样性与功能多样性的关系．生态学报
  [J]．2017，37 (5)：1472-1483．

[9] 杜国祯，覃光莲，李自珍，等．高寒草甸植物群落中物种丰富度与生产力的关系研究
  [J]．植物生态学报，2003，27 (1)：125-132．

[10] 厉桂香，马克明．土壤微生物多样性海拔格局研究进展 [J]．生态学报，2018，
  38 (5)：9．

[11] 范高华，神祥金，李强，等．松嫩草地草本植物生物多样性：物种多样性和功能群多
  样性 [J]．生态学杂志，2016，35 (12)：3205-3214．

[12] 干友民，李志丹，王钦，等．川西北亚高山草甸放牧退化演替研究 [J]．草地学报，
  2005 (S1)：48-52．

[13] 何奕忻，吴宁，朱求安，等．青藏高原东北部 5000 年来气候变化与若尔盖湿地历史生
  态学研究进展 [J]．生态学报，2014，34 (7)：1615-1625．

[14] 洪江涛，吴建波，王小丹．藏北高寒草原紫花针茅根系碳氮磷生态化学计量学特征
  [J]．山地学报，2014，32 (4)：467-474．

[15] 姜林．植物功能群去除对高寒草甸生态系统功能的影响及其机制 [D]．咸阳：西北农
  林科技大学，2020．

[16] 姜恕．草地生态研究方法 [M]．北京：中国农业出版社，1988．

[17] 雷羚洁，孔德良，李晓明，等．植物功能性状、功能多样性与生态系统功能：进展与展

望 [J]. 生物多样性, 2016, 24 (8): 922-931.

[18] 雷秀美, 王飞, 周碧青, 等. 长期施肥对稻田土壤可溶性有机氮和游离氨基酸剖面分异的影响 [J]. 农业环境科学学报, 2019, 38 (7): 1550-1559.

[19] 孙迎韬. 我国森林土壤细菌群落地理分布及其驱动机制研究 [D]. 广州: 中国科学院大学 (中国科学院广州地球化学研究所), 2020.

[20] 李晓刚, 朱志红, 周晓松, 等. 刈割、施肥和浇水对高寒草甸物种多样性、功能多样性与初级生产力关系的影响 [J]. 植物生态学报, 2011, 35 (11): 1136-1147.

[21] 林丽, 李以康, 张法伟, 等. 高寒矮嵩草群落退化演替系列氮、磷生态化学计量学特征 [J]. 生态学报, 2013, 33 (17): 5245-5251.

[22] 刘旻霞. 高寒草甸坡向梯度上植物群落组成及其氮磷化学计量学特征的研究 [D]. 兰州: 兰州大学, 2013.

[23] 刘伟, 王继明, 王智平. 内蒙古典型草原植物功能型对土壤甲烷吸收的影响 [J]. 植物生态学报, 2011, 35 (3): 275-283.

[24] 刘文亭, 卫智军, 吕世杰, 等. 中国草原生态化学计量学研究进展 [J]. 草地学报, 2015, 23 (5): 914-926.

[25] 鲁如坤. 我国土壤氮、磷、钾的基本状况 [J]. 土壤学报, 1989 (3): 280-286.

[26] 马百兵, 孙建, 朱军涛, 等. 藏北高寒草地植物群落 C、N 化学计量特征及其影响因素 [J]. 生态学杂志, 2018, 37 (4): 1026-1036.

[27] 马克平. 生物群落多样性的测度方法 I. α 多样性的测度方法 (上) [J]. 生物多样性, 1994, (3): 162-168.

[28] 马克平, 刘玉明. 生物群落多样性的测度方法 I. α 多样性的测度方法 (下) [J]. 生物多样性, 1994 (4): 231-239.

[29] 马文静, 张庆, 牛建明, 等. 物种多样性和功能多样性与生态系统生产力的关系-以内蒙古短花针茅草原为例 [J]. 植物生态学报, 2013, 37 (7): 620-630.

[30] 马泽跃, 黄战, 陈波浪, 等. 施氮量对库尔勒香梨园土壤微生物量的影响 [J]. 果树学报, 2022, 39 (7): 1221-1231.

[31] 马玉寿, 郎百宁, 李青云, 等. 江河源区高寒草甸退化草地恢复与重建技术研究 [J]. 草业科学, 2002 (9): 1-5.

[32] 牛克昌, 刘怿宁, 沈泽浩, 等. 群落构建的中性理论和生态位理论 [J]. 生物多样性, 2009, 17 (6): 15.

[33] 牛钰杰, 杨思维, 王贵珍, 等. 放牧干扰下高寒草甸物种、生活型和功能群多样性与生物量的关系 [J]. 生态学报, 2018, 38 (13): 4733-4743.

[34] 秦洁, 鲍雅静, 李政海, 等. 氮素添加和功能群去除对糙隐子草和大针茅根系特征的影响 [J]. 生态学报, 2017, 37 (3): 778-787.

[35] 邱丹. 青南地区"黑土滩"退化草地植被演替规律的研究 [J]. 中国农学通报, 2005 (9): 284-285, 293.

[36] 任继周．草业科学研究方法 [M]．北京：中国农业出版社，1998．

[37] 沙琼，黄建辉，白永飞，等．植物功能群去除对内蒙古典型草原羊草群落土壤碳、氮库的影响 [J]．应用生态学报，2009（6）：1305 - 1309．

[38] 沈松平，王军，游丽君，等．若尔盖沼泽湿地遥感动态监测 [J]．四川地质学报．2005（2）：119 - 121．

[39] 四川省红原县志编纂委员会．红原县志 [M]．成都：四川人民出版社，1996．

[40] 四川省农牧厅，四川省土壤普查办公室．四川土壤 [M]．成都：四川科学技术出版社，1997．

[41] 四川植被协作组．四川植被 [M]．成都：四川人民出版社，1980．

[42] 宋非凡．群落系统发育多样性和功能性状多样性对青藏高原高寒草甸植物群落生产力的影响 [D]．兰州：兰州大学，2015．

[43] 孙小妹，陈菁菁，李金霞，等．高寒草甸植物化学计量比对磷添加的分层响应 [J]．植物生态学报，2018，42（1）：78 - 85．

[44] 孙晓芳，黄建辉，王猛，等．内蒙古草原凋落物分解对生物多样性变化的响应 [J]．生物多样性，2009，17（4）：397 - 405．

[45] 田红．高寒草甸植物—土壤对短期不同植物功能群丧失的响应 [D]．兰州：甘肃农业大学，2014．

[46] 汪诗平．草原植物的放牧抗性 [J]．应用生态学报，2004，15（3）：517 - 522．

[47] 王常顺，孟凡栋，李新娥，等．草地植物生产力主要影响因素研究综述 [J]．生态学报，2014（15）：4125 - 4132．

[48] 王国杰，汪诗平，郝彦宾，等．水分梯度上放牧对内蒙古主要草原群落功能群多样性与生产力关系的影响 [J]．生态学报，2005（7）：1649 - 1656．

[49] 王建兵，张德罡，曹广民，等．青藏高原高寒草甸退化演替的分区特征 [J]．草业学报，2013（2）：1 - 10．

[50] 王靖．不同植物功能群剔除对矮嵩草草甸物种多样性和生产力之间关系的影响 [D]．西宁：青海师范大学，2016．

[51] 王文颖，王启基．高寒嵩草草甸退化生态系统植物群落结构特征及物种多样性分析 [J]．草业学报，2001，10（3）：8 - 14．

[52] 王向涛，张世虎，陈懂懂，等．不同放牧强度下高寒草甸植被特征和土壤养分变化研究 [J]．草地学报，2010，18（4）：510 - 516．

[53] 王燕，赵志中，乔彦松，等．若尔盖45年来的气候变化特征及其对当地生态环境的影响 [J]．地质力学学报，2005，11（4）：328 - 332．

[54] 王长庭，曹广民，王启兰，等．青藏高原高寒草甸植物群落物种组成和生物量沿环境梯度的变化 [J]．中国科学（C辑：生命科学），2007，37（5）：585 - 592．

[55] 王长庭，龙瑞军，丁路明．高寒草甸不同草地类型功能群多样性及组成对植物群落生产力的影响 [J]．生物多样性，2004，12（4）：403 - 409．

[56] 王长庭，龙瑞军，丁路明，等．草地生态系统中物种多样性、群落稳定性和生态系统功能的关系 [J]．草业科学，2005，22（6）：1-7．

[57] 吴冬秀．陆地生态系统生物观测规范．中国生态系统研究网络（CERN）长期观测规范 [M]．北京：中国环境科学出版社，2007．

[58] 吴征镒．中国植被 [M]．北京：科学出版社，1980．

[59] 席博，朱志红，李英年，等．放牧强度和生境资源对高寒草甸群落补偿能力的影响 [J]．兰州大学学报（自然科学版），2010，46（1）：77-84．

[60] 夏建国，邓良基，张丽萍，等．四川土壤系统分类初步研究 [J]．四川农业大学学报，2002（2）：117-122．

[61] 夏武平．高寒草甸生态系统 [M]．兰州：甘肃人民出版社，1982．

[62] 谢高地，鲁春霞，肖玉，等．青藏高原高寒草地生态系统服务价值评估 [J]．山地学报，2003（1）：50-55．

[63] 许雪赟，曹建军，杨淋，等．放牧与围封对青藏高原草地土壤和植物叶片化学计量学特征的影响 [J]．生态学杂志，2018，37（5）：1349-1355．

[64] 闫玉春，唐海萍，辛晓平，等．围封对草地的影响研究进展 [J]．生态学报，2009，29（9）：5039-5046．

[65] 杨殿林，韩国栋，胡跃高，等．放牧对贝加尔针茅草原群落植物多样性和生产力的影响 [J]．生态学杂志，2006，25（12）：1470-1475．

[66] 杨惠敏，王冬梅．草-环境系统植物碳氮磷生态化学计量学及其对环境因子的响应研究进展 [J]．草业学报，2011，20（2）：244-252．

[67] 杨静，孙宗玖，巴德木其其格，等．封育对草地植被功能群多样性及土壤养分特征的影响 [J]．中国草地学报，2018，40（4）：102-110．

[68] 杨阔，黄建辉，董丹，等．青藏高原草地植物群落冠层叶片氮磷化学计量学分析 [J]．植物生态学报，2010，34（1）：17-22．

[69] 杨利民，李建东．土壤盐碱化对羊草草地植物多样性的影响 [J]．草地学报，1997，5（3）：154-160．

[70] 杨勇，刘爱军，李兰花，等．不同干扰方式对内蒙古典型草原植物种组成和功能群特征的影响 [J]．应用生态学报，2016，27（3）：794-802．

[71] 杨振安．青藏高原高寒草甸植被土壤系统对放牧和氮添加的响应研究 [D]．咸阳：西北农林科技大学，2017．

[72] 杨宗荣．红原高寒草地生态系统初探 [J]．四川草原，1984（3）：54-60．

[73] 于格，鲁春霞，谢高地．草地生态系统服务功能的研究进展 [J]．资源科学，2005，27（6）：173-180．

[74] 臧岳铭，朱志红，李英年，等．高寒矮嵩草草甸物种多样性与功能多样性对初级生产力的影响 [J]．生态学杂志，2009，28（6）：999-1005．

[75] 泽柏．红原县草场类型及其利用的探讨 [J]．草业与畜牧，1983（3）：12-18．

[76] 张建文，杨海磊，徐长林，等．牦牛和藏羊夏季划区轮牧对高寒草甸3种植物凋落物分解的影响 [J]．草地学报，2017，25（4）：732-742．

[77] 张丽霞，白永飞，韩兴国．N：P 化学计量学在生态学研究中的应用 [J]．生态学报，2003（9）：1009-1018．

[78] 张荣，杜国祯．放牧草地群落的冗余与补偿 [J]．草业学报，1998（4）：13-19．

[79] 张宪洲，杨永平，朴世龙，等．青藏高原生态变化 [J]．科学通报，2015，60（32）：3048-3056．

[80] 赵丽娅，钟韩珊，赵美玉，等．围封和放牧对科尔沁沙地群落物种多样性与地上生物量的影响 [J]．生态环境学报，2018，27（10）：1783-1790．

[81] 赵晓单，曾全超，安韶山，等．黄土高原不同封育年限草地土壤与植物根系的生态化学计量特征 [J]．土壤学报，2016，53（6）：1541-1551．

[82] 赵忠，王安禄，马海生，等．青藏高原东缘草地生态系统动态定位监测与可持续发展要素研究：Ⅱ 高寒草甸草地生态系统植物群落结构特征及物种多样性分析 [J]．草业科学，2002（6）：9-13．

[83] 中国科学院西部地区南水北调综合考察队．若尔盖高原的沼泽 [M]．北京：科学出版社，1965．

[84] 周华坤，师燕．放牧干扰对高寒草场的影响 [J]．中国草地学报，2002，24（5）：53-61．

[85] 周华坤，周立，刘伟，等．封育措施对退化与未退化矮嵩草草甸的影响 [J]．中国草地，2003，25（5）：15-22．

[86] 周晓松，朱志红，李英年，等．刈割、施肥和浇水处理下高寒矮嵩草草甸补偿机制 [J]．兰州大学学报（自然科学版），2011，47（3）：50-57．

[87] 周兴民．中国嵩草草甸 [M]．北京：科学出版社，2001．

[88] 周世兴，黄从德，向元彬，等．模拟氮沉降对华西雨屏区天然常绿阔叶林凋落物木质素和纤维素降解的影响 [J]．应用生态学报，2016，27（5）：1368-1374．

[89] 周建斌，陈竹君，郑险峰．土壤可溶性有机氮及其在氮素供应及转化中的作用 [J]．土壤通报，2005，36（2），244-247．

[90] Abalos D, De Deyn G B, Kuyper T W, et al. Plant species identity surpasses species richness as a key driver of N_2O emissions from grassland [J]. Global Change Biology, 2014（20）：265-275.

[91] Allen A G, Jarvis S C, Headon D M. Nitrous oxide emissions from soils due to inputs of nitrogen from excreta return by livestock on grazed grassland in the UK [J]. Soil Biology and Biochemistry, 1996（28）：597-607.

[92] Ambus P, Petersen S O, Soussana J F. Short-term carbon and nitrogen cycling in urine patches assessed by combined carbon[13] and nitrogen[15] labelling [J]. Agriculture Ecosystems and Environment, 2007, 121（1）：84-92.

［93］ Ambus P, Robertson G P. The effect of increased n deposition on nitrous oxide, methane and carbon dioxide fluxes from unmanaged forest and grassland communities in Michigan [J]. Biogeochemistry, 2006 (79): 315 – 337.

［94］ Ambus P, Zechmeister-Boltenstern S, Butterbach-Bahl K. Sources of nitrous oxide emitted from European forest soils [J]. Biogeosciences, 2006 (3): 135 – 145.

［95］ Ammann C, Spirig C, Leifeld J, et al. Assessment of the nitrogen and carbon budget of two managed temperate grassland fields [J]. Agriculture Ecosystems and Environment, 2009 (133): 150 – 162.

［96］ Andrews M, Edwards G R, Ridgway H J, et al. Positive plant microbial interactions in perennial ryegrass dairy pasture systems [J]. Annals of Applied Biology, 2011 (159): 79 – 92.

［97］ Bai T, Wang P, Ye C, et al. Type of nitrogen input dominates N effects on root growth and soil aggregation: A meta-analysis [J]. Soil Biol Biochem, 2021 (157): 108251.

［98］ Ball B C, Smith K A, Klemedtsson L, et al. The influence of soil gas transport properties on methane oxidation in a selection of northern European soils [J]. Journal of Geophysical Research-Atmospheres, 1997 (102): 23309 – 23317.

［99］ Barnard R, Leadley P W, Hungate B A. Global change, nitrification, and denitrification: A review [J]. Global Biogeochemical Cycles, 2005, 19 (1) .

［100］ Barneze A S, Mazzetto A M, Zani C F, et al. Nitrous oxide emissions from soil due to urine deposition by grazing cattle in Brazil [J]. Atmospheric Environment, 2014 (92): 394 – 397.

［101］ Benanti G, Saunders M, Tobin B, et al. Contrasting impacts of afforestation on nitrous oxide and methane emissions [J]. Agricultural and Forest Meteorology, 2014 (198): 82 – 93.

［102］ Berger S, Jung E, Kopp J, et al. Monsoon rains, drought periods and soil texture as drivers of soil N_2O fluxes-Soil drought turns East Asian temperate deciduous forest soils into temporary and unexpectedly persistent N_2O sinks [J]. Soil Biology and Biochemistry, 2013 (57): 273 – 281.

［103］ Bol R, Petersen S O, Christofides C, et al. Short-term N_2O, CO_2, NH_3 fluxes, and N/C transfers in a Danish grass-clover pasture after simulated urine deposition in autumn [J]. Journal of Plant Nutrition and Soil Science-Zeitschrift Fur Pflanzenernahrung And Bodenkunde, 2004 (167): 568 – 576.

［104］ Boutton T W, Liao J D. Changes in soil nitrogen storage and delta N^{-15} with woody plant encroachment in a subtropical savanna parkland landscape [J]. Journal of Geophysical Research-Biogeosciences, 2010 (115).

［105］ Bouwman A F, Vanderhoek K W, Olivier J G J. Uncertainties in the Global Source Distribution of Nitrous-Oxide ［J］. Journal of Geophysical Research-Atmospheres, 1995 (100): 2785 – 2800.

［106］ Brown J R, Blankinship J C, Niboyet A, et al. Effects of multiple global change treatments on soil N_2O fluxes ［J］. Biogeochemistry, 2012 (109): 85 – 100.

［107］ Buhlmann T, Hiltbrunner E, Korner C, et al. Induction of indirect N_2O and NO emissions by atmospheric nitrogen deposition in (semi-) natural ecosystems in Switzerland ［J］. Atmospheric Environment, 2015 (103): 94 – 101.

［108］ Cai Y J, Chang S X, Ma B, et al. Watering increased DOC concentration but decreased N_2O emission from a mixed grassland soil under different defoliation regimes ［J］. Biology and Fertility of Soils, 2016 (52) : 987 – 996.

［109］ Cai Y J, Wang X D, Ding W X, et al. Potential short-term effects of yak and Tibetan sheep dung on greenhouse gas emissions in two alpine grassland soils under laboratory conditions ［J］. Biology and Fertility of Soils, 2013 (49): 1215 – 1226.

［110］ Carter M S, Klumpp K, Le Roux X. Lack of increased availability of root-derived C may explain the low N_2O emission from low N-urine patches ［J］. Nutrient Cycling in Agroecosystems, 2006 (75): 91 – 100.

［111］ Chen W W, Wolf B, Bruggemann N, et al. Annual emissions of greenhouse gases from sheepfolds in Inner Mongolia ［J］. Plant and Soil, 2011 (340): 291 – 301.

［112］ Chen W W, Zheng X H, Chen Q, et al. Effects of increasing precipitation and nitrogen deposition on CH_4 and N_2O fluxes and ecosystem respiration in a degraded steppe in Inner Mongolia, China ［J］. Geoderma, 2013 (192): 335 – 340.

［113］ Clark C M, Tilman D. Loss of plant species after chronic low-level nitrogen deposition to prairie grasslands ［J］. Nature, 2008, 451 (7179): 712 – 715.

［114］ Crenshaw C L, Lauber C, Sinsabaugh R L, et al. Fungal control of nitrous oxide production in semiarid grassland ［J］. Biogeochemistry, 2008 (87): 17 – 27.

［115］ Cui Q, Song C C, Wang X W, et al. Rapid N_2O fluxes at high level of nitrate nitrogen addition during freeze-thaw events in boreal peatlands of Northeast China ［J］. Atmospheric Environment, 2016 (135): 1 – 8.

［116］ Currie W S, Abr J D, McDowell W H, et al. Vertical transport of dissolved organic C and N under long-term N amendments in pine and hardwood forests ［J］. Biogeochemistry, 1996, 35 (3), 471 – 505.

［117］ Deforest J L, Zak D R, Pregitzer K S, et al. Atmospheric nitrate deposition and enhanced dissolved organic carbon leaching ［J］. Soil Science Society of America Journal, 2005, 69 (4): 1233 – 1237.

［118］ Deng B L, Li Z Z, Zhang L, et al. Increases in soil CO_2 and N_2O emissions with warming depend on plant species in restored alpine meadows of Wugong Mountain, China [J]. Journal of Soils and Sediments, 2016 (16): 777 – 784.

[119] Di H J, Cameron K C. Mitigation of nitrous oxide emissions in spray-irrigated grazed grassland by treating the soil with dicyandiamide, a nitrification inhibitor [J]. Soil Use and Management, 2003 (19): 284 – 290.

[120] Dittert K, Bol R, King R, et al. Use of a novel nitrification inhibitor to reduce nitrous oxide emission from N^{15}-labelled dairy slurry injected into soil [J]. Rapid Communications in Mass Spectrometry, 2001 (15): 1291 – 1296.

[121] Dittert K, Lampe C, Gasche R, et al. Short-term effects of single or combined application of mineral N fertilizer and cattle slurry on the fluxes of radiatively active trace gases from grassland soil [J]. Soil Biology and Biochemistry, 2005 (37): 1665 – 1674.

[122] Fang H J, Cheng S L, Yu G R, et al. Responses of CO_2 efflux from an alpine meadow soil on the Qinghai Tibetan Plateau to multi-type and low-level N addition [J]. Plant and Soil, 2012 (351): 177 – 190.

[123] Fang H, Cheng S, Yu G, et al. Experimental nitrogen deposition alters the quantity and quality of soil dissolved organic carbon in an alpine meadow on the Qinghai-Tibetan Plateau [J]. Applied Soil Ecology, 2014 (81): 1 – 11.

[124] Galloway J N, Schlesinger W H, Levy H, et al. Nitrogen Fixation: Anthropogenic Enhancement-Environmental Response [J]. Global Biogeochemical Cycles, 1995 (9): 235 – 252.

[125] Gao W L, Yang H, Kou L, et al. Effects of nitrogen deposition and fertilization on N transtypeations in forest soils: a review [J]. Journal of Soils and Sediments, 2015 (15): 863 – 879.

[126] Gao Y H, Ma X X, Cooper D J. Short-term effect of nitrogen addition on nitric oxide emissions from an alpine meadow in the Tibetan Plateau [J]. Environmental Science and Pollution Research, 2016 (23): 12474 – 12479.

[127] Galloway J N, Townsend A R, Erisman J W, et al. Transtypeation of the nitrogen cycle: recent trends, questions, and potential solutions [J]. Science, 2008 (320): 889 – 892.

[128] Giese M, Brueck H, Gao Y Z, et al. N balance and cycling of Inner Mongolia typical steppe: a comprehensive case study of grazing effects [J]. Ecological Monographs, 2013 (83): 195 – 219.

[129] Gomez-Casanovas N, Hudiburg T W, Bernacchi C J, et al. Nitrogen deposition and greenhouse gas emissions from grasslands: uncertainties and future directions [J]. Global Change Biology, 2016 (22): 1348 – 1360.

[130] Goossens A, Visscher A D, Boeckx P, et al. Two-year field study on the emission of

N_2O from coarse and middle-textured Belgian soils with different land use [J]. Nutrient Cycling in Agroecosystems, 2001 (60): 23 – 34.

[131] Hartmann A A, Barnard R L, Marhan S, et al. Effects of drought and N-fertilization on N cycling in two grassland soils [J]. Oecologia, 2013 (171): 705 – 717.

[132] He Hongbo, Zhang Wei, Zhang Xudong, et al. Temporal responses of soil microorganisms to substrate addition as indicated by amino sugar differentiation [J]. Soil Biology & Biochemistry, 2011, 43 (6), 1155 – 1161.

[133] Horvath L, Grosz B, Machon A, et al. Influence of soil type on N_2O and CH_4 soil fluxes in Hungarian grasslands [J]. Community Ecology, 2008 (9): 75 – 80.

[134] Horvath L, Grosz B, Machon A, et al. Estimation of nitrous oxide emission from Hungarian semi-arid sandy and loess grasslands: effect of soil parameters, grazing, irrigation and use of fertilizer [J]. Agriculture Ecosystems and Environment, 2010 (139): 255 – 263.

[135] Huang Y, Li D J. Soil nitric oxide emissions from terrestrial ecosystems in China: a synthesis of modeling and measurements [J]. Scientific Reports, 2014 (4).

[136] Hynst J, Simek M, Brucek P, et al. High fluxes but different patterns of nitrous oxide and carbon dioxide emissions from soil in a cattle overwintering area [J]. Agriculture Ecosystems and Environment, 2007 (120): 269 – 279.

[137] Jiang C M, Yu G R, Fang H J, et al. Short-term effect of increasing nitrogen deposition on CO_2, CH_4 and N_2O fluxes in an alpine meadow on the Qinghai-Tibetan Plateau, China [J]. Atmospheric Environment, 2010 (44): 2920 – 2926.

[138] Jones L, Provins A, Holland M, et al. A review and application of the evidence for nitrogen impacts on ecosystem services [J]. Ecosystem Services, 2014 (7): 76 – 88.

[139] Jorgensen C J, Struwe S, Elberling B. Temporal trends in N_2O flux dynamics in a Danish wetland-effects of plant-mediated gas transport of N_2O and O_2 following changes in water level and soil mineral-N availability [J]. Global Change Biology, 2012 (18): 210 – 222.

[140] Khan S, Clough T J, Goh K M, et al. Influence of soil pH on Nox and N_2O emissions from bovine urine applied to soil columns [J]. New Zealand Journal of Agricultural Research, 2011 (54): 285 – 301.

[141] Khan S, Clough T J, Goh K M, et al. Nitric and nitrous oxide fluxes following bovine urine deposition to summer-grazed pasture [J]. New Zealand Journal of Agricultural Research, 2014 (57): 136 – 147.

[142] Kong Y H, Watanabe M, Nagano H, et al. Effects of land-use type and nitrogen addition on nitrous oxide and carbon dioxide production potentials in Japanese Andosols [J]. Soil Science and Plant Nutrition, 2013 (59): 790 – 799.

[143] Kroeze C, Aerts R, van Breemen N, et al. Uncertainties in the fate of nitrogen I: An overview of sources of uncertainty illustrated with a Dutch case study [J]. Nutrient Cycling in Agroecosystems, 2003 (66): 43 – 69.

[144] Kros J, de Vries W, Reinds G J, et al. Assessment of the impact of various mitigation options on nitrous oxide emissions caused by the agricultural sector in Europe [J]. Journal of Integrative Environmental Sciences, 2010 (7): 223 – 234.

[145] Lamb E, Kembel S, Cahill J. Shoot: but not root, competition reduces community diversity in experimental mesocosms [J]. Journal of Ecology, 2009 (97): 155 – 163.

[146] Leiber-Sauheitl K, Fuss R, Burkart S, et al. Sheep excreta cause no positive priming of peat-derived CO_2 and N_2O emissions [J]. Soil Biology and Biochemistry, 2015 (88): 282 – 293.

[147] Leppelt T, Dechow R, Gebbert S, et al. Nitrous oxide emission budgets and land-use-driven hotspots for organic soils in Europe [J]. Biogeosciences, 2014 (11): 6595 – 6612.

[148] Li K H, Gong Y M, Song W, et al. Responses of CH_4, CO_2 and N_2O fluxes to increasing nitrogen deposition in alpine grassland of the Tianshan Mountains [J]. Chemosphere, 2012 (88): 140 – 143.

[149] Liu L, Greaver T. A global perspective on belowground carbon dynamics under nitrogen enrichment [J]. Ecology Letters, 2010 (13): 819 – 828.

[150] Liu X C, Dong Y S, Qi Y C, et al. Response of N_2O emission to water and nitrogen addition in temperate typical steppe soil in Inner Mongolia, China [J]. Soil and Tillage Research, 2015 (151): 9 – 17.

[151] Liu X, Zhang Y, Han W, et al. Enhanced nitrogen deposition over china [J]. Nature, 2013, 494 (7438): 459 – 462.

[152] Liu Y W, Xu-Ri, Xu X L, et al. Plant and soil responses of an alpine steppe on the Tibetan Plateau to multi-level nitrogen addition [J]. Plant and Soil, 2013 (373): 515 – 529.

[153] Lohila A, Aurela M, Hatakka J, et al. Responses of N_2O fluxes to temperature, water table and N deposition in a northern boreal fen [J]. European Journal of Soil Science, 2010 (61): 651 – 661.

[154] Luo J F, Hoogendoorn C, van der Weerden T, et al. Nitrous oxide emissions from grazed hill land in New Zealand [J]. Agriculture Ecosystems and Environment, 2013 (181): 58 – 68.

[155] Ma F, Zhang F, Quan Q, et al. Common species stability and species asynchrony rather than richness determine ecosystem stability under nitrogen enrichment [J]. Ecosystems, 2021 (24): 686 – 698.

[156] Machon A, Horvath L, Weidinger T, et al. Measurement and Modeling of N Balance Between Atmosphere and Biosphere over a Grazed Grassland (Bugacpuszta) in Hungary [J]. Water Air and Soil Pollution, 2015 (226).

[157] Machon A, Horvath L, Weidinger T, et al. Estimation of net nitrogen flux between the atmosphere and a semi-natural grassland ecosystem in Hungary [J]. European Journal of Soil Science, 2010 (61): 631 – 639.

[158] Machon A, Horvath L, Weidinger T, et al. Weather induced variability of nitrogen exchange between the atmosphere and a grassland in the Hungarian Great Plain [J]. Idojaras, 2011 (115): 219 – 232.

[159] Marsden K A, Jones D L, Chadwick D R. Disentangling the effect of sheep urine patch size and nitrogen loading rate on cumulative N_2O emissions [J]. Animal Production Science, 2016 (56): 265 – 275.

[160] Marsden K A, Marin-Martinez A J, Vallejo A, et al. The mobility of nitrification inhibitors under simulated ruminant urine deposition and rainfall: a comparison between DCD and DMPP [J]. Biology and Fertility of Soils, 2016 (52): 491 – 503.

[161] Menendez S, Merino P, Lekuona A, et al. The effect of cattle slurry electroflotation products as fertilizers on gaseous emissions and grassland yield [J]. Journal of Environmental Quality, 2008 (37): 956 – 962.

[162] Menyailo O V, Huwe B. Activity of denitrification and dynamics of N_2O release in soils under six tree species and grassland in central Siberia [J]. Journal of Plant Nutrition and Soil Science-Zeitschrift Fur Pflanzenernahrung Und Bodenkunde, 1999 (162): 533 – 538.

[163] Minet E P, Ledgard S F, Lanigan G J, et al. Mixing dicyandiamide (DCD) with supplementary feeds for cattle: An effective method to deliver a nitrification inhibitor in urine patches [J]. Agriculture Ecosystems and Environment, 2016 (231): 114 – 121.

[164] Morales S E, Jha N, Saggar S. Impact of urine and the application of the nitrification inhibitor DCD on microbial communities in dairy-grazed pasture soils [J]. Soil Biology and Biochemistry, 2015 (88): 344 – 353.

[165] Mosier A R, Delgado J A, Keller M. Methane and nitrous oxide fluxes in an acid Oxisol in western Puerto Rico: Effects of tillage, liming and fertilization [J]. Soil Biology and Biochemistry, 1998 (30): 2087 – 2098.

[166] Mosier A R, Parton W J, Phongpan S. Long-term large N and immediate small N addition effects on trace gas fluxes in the Colorado shortgrass steppe [J]. Biology and Fertility of Soils, 1998 (28): 44 – 50.

[167] Necpalova M, Phelan P, Casey I, et al. Soil surface N balances and soil N content in a clay-loam soil under Irish dairy production systems [J]. Nutrient Cycling in Agroecosys-

tems, 2013 (96): 47 - 65.

[168] Nevison C D, Esser G, Holland E A. A global model of changing N_2O emissions from natural and perturbed soils [J]. Climatic Change, 1996 (32): 327 - 378.

[169] Nichols K L, Del Grosso S J, Derner J D, et al. Nitrous oxide and methane fluxes from cattle excrement on C3 pasture and C4-dominated shortgrass steppe [J]. Agriculture Ecosystems and Environment, 2016 (225): 104 - 115.

[170] Niu K, Zhang S, Zhao B, et al. Linking grazing response of species abundance to functional traits in the Tibetan alpine meadow [J]. Plant and Soil, 2010 (330): 215 - 223.

[171] Oelmann Y, Kreutziger Y, Temperton V M, et al. Nitrogen and phosphorus budgets in experimental grasslands of variable diversity [J]. Journal of Environmental Quality, 2007 (36): 396 - 407.

[172] Owens J, Clough T J, Laubach J, et al. Nitrous Oxide Fluxes, Soil Oxygen, and Denitrification Potential of Urine-and Non-Urine-Treated Soil under Different Irrigation Frequencies [J]. Journal of Environmental Quality, 2016 (45): 1169 - 1177.

[173] Phoenix G K, Hicks W K, Cinderby S, et al. Atmospheric nitrogen deposition in world biodiversity hotspots: The need for a greater global perspective in assessing N deposition impacts [J]. Global Change Biology, 2006, 12 (3): 470 - 476.

[174] Pietri J C, Aciego Brookes P C. Relationships between soil pH and microbial properties in a UK arable soil [J]. Soil Biology & Biochemistry, 2008, 40 (7), 1856 - 1861.

[175] Pineiro G, Paruelo J M, Oesterheld M. Potential long-term impacts of livestock introduction on carbon and nitrogen cycling in grasslands of Southern South America [J]. Global Change Biology, 2006 (12): 1267 - 1284.

[176] Rajaniemi T K. Wlly does fertilization reduce Plant speeies diversity? Testing three competition-based hypotheses [J]. Journal of Ecology, 2002 (90): 316 - 324.

[177] Richter A, Burrows J P, Nuss H, et al. Increase in tropospheric nitrogen dioxide over China observed from space [J]. Nature, 2005, 437 (7055): 129 - 132.

[178] Rochette P, Chantigny M H, Ziadi N, et al. Soil Nitrous Oxide Emissions after Deposition of Dairy Cow Excreta in Eastern Canada [J]. Journal of Environmental Quality, 2014 (43): 829 - 841.

[179] Saggar, S., Bolan, N. S., Bhandral, R., Hedley, C. B., Luo, J. A review of emissions of methane, ammonia, and nitrous oxide from animal excreta deposition and farm effluent application in grazed pastures [J]. New Zealand Journal of Agricultural Research 2004, 47, 513 - 544.

[180] Saggar S, Giltrap D L, Davison R, et al. Estimating direct N_2O emissions from sheep, beef, and deer grazed pastures in New Zealand hill country: accounting for the effect of land slope on the N_2O emission factors from urine and dung [J]. Agriculture Ecosys-

tems and Environment, 2015 (205): 70 - 78.

[181] Schulze E D, Ciais P, Luyssaert S, et al. The European carbon balance. Part 4: integration of carbon and other trace-gas fluxes [J]. Global Change Biology, 2010 (16): 1451 - 1469.

[182] Stevens C J, Dise N B, Owen M, et al. Impact of nitrogen deposition on the species richness of grasslands [J]. Science, 2004 (303): 1876 - 1879.

[183] Selbie, D. R. , Cameron, K. C. , Di, H. J. , Moir, J. L. , Lanigan, G. J. , Richards, K. G. The effect of urinary nitrogen loading rate and a nitrification inhibitor on nitrous oxide emissions from a temperate grassland soil [J]. Journal of Agricultural Science 2014, 152, S159 - S171.

[184] Selbie D R, Lanigan G J, Laughlin R J, et al. Confirmation of co-denitrification in grazed grassland [J]. Scientific Reports, 2015 (5) .

[185] Sgouridis F, Stott A, Ullah S. Application of the N^{-15} gas-flux method for measuring in situ N - 2 and N_2O fluxes due to denitrification in natural and semi-natural terrestrial ecosystems and comparison with the acetylene inhibition technique [J]. Biogeosciences, 2016 (13): 1821 - 1835.

[186] Sgouridis F, Ullah S. Denitrification potential of organic, forest and grassland soils in the Ribble-Wyre and Conwy River catchments, UK [J]. Environmental Science-Processes and Impacts, 2014 (16): 1551 - 1562.

[187] Sgouridis F, Ullah S. Relative Magnitude and Controls of in Situ N_2 and N_2O Fluxes due to Denitrification in Natural and Seminatural Terrestrial Ecosystems Using N - 15 Tracers [J]. Environmental Science and Technology, 2015 (49): 14110 - 14119.

[188] Shimizu M, Marutani S, Desyatkin A R, et al. Nitrous oxide emissions and nitrogen cycling in managed grassland in Southern Hokkaido, Japan [J]. Soil Science and Plant Nutrition, 2010 (56): 676 - 688.

[189] Simonin M, Le Roux X, Poly F, et al. Coupling Between and Among Ammonia Oxidizers and Nitrite Oxidizers in Grassland Mesocosms Submitted to Elevated CO_2 and Nitrogen Supply [J]. Microbial Ecology, 2015 (70): 809 - 818.

[190] Skiba U, Drewer J, Tang Y S, et al.. Biosphere-atmosphere exchange of reactive nitrogen and greenhouse gases at the NitroEurope core flux measurement sites: Measurement strategy and first data sets [J]. Agriculture Ecosystems and Environment, 2009 (133): 139 - 149.

[191] Skiba U, Jones S K, Dragosits U, et al. UK emissions of the greenhouse gas nitrous oxide [J]. Philosophical Transactions of the Royal Society B - Biological Sciences, 2012 (367): 1175 - 1185.

[192] Skiba U, McTaggart I P, Smith K A, et al. Estimates of nitrous oxide emissions from

soil in the UK [J]. Energy Conversion and Management, 1996 (37): 1303 – 1308.

[193] Skiba U M, Sheppard L J, MacDonald J, et al. Some key environmental variables controlling nitrous oxide emissions from agricultural and semi – natural soils in Scotland [J]. Atmospheric Environment, 1998 (32): 3311 – 3320.

[194] Smith D W, Mukhtar S. Estimation and Attribution of Nitrous Oxide Emissions Following Subsurface Application of Animal Manure: A Review [J]. Transactions of the Asabe, 2015 (58): 429 – 438.

[195] Smith K A, McTaggart I P, Tsuruta H. Emissions of N_2O and NO associated with nitrogen fertilization in intensive agriculture, and the potential for mitigation [J]. Soil Use and Management, 1997 (13): 296 – 304.

[196] Smith P, Goulding K W T, Smith K A, et al. Including trace gas fluxes in estimates of the carbon mitigation potential of UK agricultural land [J]. Soil Use and Management, 2000 (16): 251 – 259.

[197] Sordi A, Dieckow J, Bayer C, et al. Nitrous oxide emission factors for urine and dung patches in a subtropical Brazilian pastureland [J]. Agriculture Ecosystems and Environment, 2014 (190): 94 – 103.

[198] Song M H, Yu F H, Ouyang H, et al. Different inter – annual responses to availability and type of nitrogen explain species coexistence in an alpine meadow community after release fromgrazing [J]. Global Change Biology, 2012, 18 (10): 3100 – 3111.

[199] Stevens M H H, Carson W P. Plant density determines species richness along an experimental fertility rate [J]. Ecology, 1999 (80): 455 – 465.

[200] Stange F, Butterbach – Bahl K, Papen H, et al. A process – oriented model of N_2O and NO emissions from forest soils Sensitivity analysis and validation [J]. Journal of Geophysical Research – Atmospheres, 2000 (105): 4385 – 4398.

[201] Stewart K J, Brummell M E, Farrell R E, et al. N_2O flux from plant – soil systems in polar deserts switch between sources and sinks under different light conditions [J]. Soil Biology and Biochemistry, 2012 (48): 69 – 77.

[202] Stockle C, Higgins S, Kemanian A, et al. Carbon storage and nitrous oxide emissions of cropping systems in eastern Washington: A simulation study [J]. Journal of Soil and Water Conservation, 2012 (67): 365 – 377.

[203] Stohl A, Williams E, Wotawa G, et al. A European inventory of soil nitric oxide emissions and the effect of these emissions on the photochemical typeation of ozone [J]. Atmospheric Environment, 1996 (30): 3741 – 3755.

[204] Suding K N, Collins S L, Gough L, et al. Functional – and abundance – based mechanisms explain diversity loss due to n fertilization [J]. Proceedings of the National Academy of Sciences of the United States of America, 2005, 102 (12): 4387 – 4392.

［205］ Hui, Shangguan, Zhouping, et al. The effect of nitrogen addition on community struc-
ture and productivity in grasslands: A meta – analysis ［J］. Ecological Engineering: The
Journal of Ecotechnology, 2017.

［206］ Fangfang, MaBing, SongQuan, et al. Light Competition and Biodiversity Loss Cause
Saturation Response of Aboveground Net Primary Productivity to Nitrogen Enrichment
［J］. Journal of Geophysical Research. Biogeosciences, 2020, 125 (3) .

［207］ Teh Y A, Diem T, Jones S, et al. Methane and nitrous oxide fluxes across an elevation
rate in the tropical Peruvian Andes ［J］. Biogeosciences, 2014 (11): 2325 – 2339.

［208］ Uchida Y, Clough T J, Kelliher F M, et al. Effects of bovine urine, plants and tem-
perature on N_2O and CO_2 emissions from a sub – tropical soil ［J］. Plant and Soil,
2011 (345): 171 – 186.

［209］ Van Beek C L, Pleijter M, Jacobs C M J, et al. Emissions of N_2O from fertilized and
grazed grassland on organic soil in relation to groundwater level ［J］. Nutrient Cycling in
Agroecosystems, 2010 (86): 331 – 340.

［210］ Vermoesen A, VanCLimput O, Hofman G. Long – term measurements of N_2O emis-
sions ［J］. Energy Conversion and Management, 1996 (37): 1279 – 1284.

［211］ Vitousek P M, Aber J D, Howarth R W, et al. Human alteration of the global nitrogen cy-
cle: Sources and consequences ［J］. Ecological Applications, 1997 (7): 737 – 750.

［212］ Wachendorf C, Lampe C, Taube F, et al. Nitrous oxide emissions and dynamics of soil
nitrogen under N – 15 – labeled cow urine and dung patches on a sandy grassland soil ［J］.
Journal of Plant Nutrition and Soil Science – Zeitschrift Fur Pflanzenernahrung Und
Bodenkunde, 2008 (171): 171 – 180.

［213］ Wang L L, Tian H Q, Song C C, et al. Net exchanges of CO_2, CH_4 and N_2O between
marshland and the atmosphere in Northeast China as influenced by multiple global envi-
ronmental changes ［J］. Atmospheric Environment, 2012 (63): 77 – 85.

［214］ Wei D, Xu R, Liu Y W, et al. Three – year study of CO_2 efflux and CH_4/N_2O fluxes
at an alpine steppe site on the central Tibetan Plateau and their responses to simulated N
deposition ［J］. Geoderma, 2014 (232): 88 – 96.

［215］ Wu L, McGechan M B. A review of carbon and nitrogen processes in four soil nitrogen
dynamics models ［J］. Journal of Agricultural Engineering Research, 1998 (69):
279 – 305.

［216］ Xu Y B, Xu Z H, Cai Z C, et al. Review of denitrification in tropical and subtropical
soils of terrestrial ecosystems ［J］. Journal of Soils and Sediments, 2013 (13):
699 – 710.

［217］ Xue K, Wu L Y, Deng Y, et al. Functional Gene Differences in Soil Microbial Commu-
nities from Conventional, Low – Input, and Organic Farmlands ［J］. Applied and Envi-

ronmental Microbiology, 2013 (79): 1284 – 1292.

[218] Zhu, Dan, Peng, et al. Soil properties and species composition under different grazing intensity in an alpine meadow on the eastern Tibetan Plateau, China [J]. Environmental Monitoring & Assessment An International Journal, 2016.

[219] Yang Z, Zhan W, Jiang L, et al. Effect of Short – Term Low – Nitrogen Addition on Carbon, Nitrogen and Phosphorus of Vegetation – Soil in Alpine Meadow [J]. Int. J. Environ. Res. Public Health, 2021 (18): 10998.

[220] Yuan X, Niu D, Weber – Grullon L, et al. Nitrogen deposition enhances plant – microbe interactions in a semiarid grassland: The role of soil physicochemical properties [J]. Geoderma, 2020 (373) : 114446.

[221] Yue P, Li K H, Gong Y M, et al. A five – year study of the impact of nitrogen addition on methane uptake in alpine grassland [J]. Scientific Reports, 2016 (6) .

[222] Zhao Y, Yang B, Li M, et al. Community composition, structure and productivity in response to nitrogen and phosphorus additions in a temperate meadow [J]. Science of The Total Environment, 2019 (654): 863 – 871.

[223] Zhang J, Peng C, Xue W, et al. Soil CH4 and CO$_2$ dynamics and nitrogen transtypeations with incubation in mountain forest and meadow ecosystems [J]. Catena, 2018 (163): 24 – 32.

[224] Zhang L H, Huo Y W, Guo D F, et al. Effects of Multi – nutrient Additions on GHG Fluxes in a Temperate Grassland of Northern China [J]. Ecosystems, 2014 (17): 657 – 672.

[225] Zhou J, Jiang X, Zhou B K, et al. Thirty four years of nitrogen fertilization decreases fungal diversity and alters fungal community composition in black soil in northeast China [J]. Soil Biology and Biochemistry, 2016, (95): 135 – 143.

[226] Zhou J, Guan D W, Zhou B K, et al. Influence of 34 – years of fertilization on bacterial communities in an intensively cultivated black soil in northeast China [J]. Soil Biology and Biochemistry, 2015 (90): 42 – 51.

[227] Zhou Z H, Wang C K, Zheng M H, et al. Patterns and mechanisms of responses by soil microbial communities to nitrogen addition [J]. Soil Biology & Biochemistry, 2017 (115): 433 – 441.

[228] Zhu R B, Liu Y S, Li X L, et al. Stable isotope natural abundance of nitrous oxide emitted from Antarctic tundra soils: effects of sea animal excrement depositions [J]. Rapid Communications in Mass Spectrometry, 2008 (22): 3570 – 3578.

[229] Zhu R B, Sun L G, Ding W X. Nitrous oxide emissions from tundra soil and snowpack in the maritime Antarctic [J]. Chemosphere, 2005 (59): 1667 – 1675.

[230] Zong N, Shi P, Song M, et al. Nitrogen critical loads for an alpine meadow ecosystem on the Tibetan Plateau [J]. Environ Manage, 2016 (57): 531 – 542.

附录 本研究的物种名录
(物种排列顺序参照《中国植物志》)

科名	Family	种名	Species
禾本科	Gramineae	发草	*Deschampsia caespitosa*
		羊茅	*Festuca ovina*
		落草	*Koeleria cristata*
		披碱草	*Elymus dahuricus*
		芨芨草	*Achnatherum splendens*
		早熟禾	*Poa annua*
		剪股颖	*Agrostis matsumurae*
		针茅	*Stipa capillata*
莎草科	Cyperaceae	四川嵩草	*Kobresia setchwanensis*
		甘肃嵩草	*Kobresia kansuensis*
		藨草	*Scirpus triqueter*
		无脉苔草	*Carex enervis*
蓼科	Polygonaceae	圆穗蓼	*Polygonum macrophyllum*
		珠芽蓼	*Polygonum viviparum*
龙胆科	Gentianaceae	湿生扁蕾	*Gentianopsis paludosa*
蔷薇科	Rosaceae	翻白委陵菜	*Potentilla discolor*
		鹅绒委陵菜	*Potentilla anserina*
		二裂委陵菜	*Potentilla bifurca*
		矮地榆	*Sanguisorba filitypeis*
毛茛科	Ranunculaceae	金莲花	*Trollius chinensis*
		草玉梅	*Anemone rivularis*
		条叶银莲花	*Anemone trullifolia*
		唐松草	*Thalictrum aquilegifolium*
		翠雀	*Delphinium grandiflorum*
龙胆科	Gentianaceae	蓝白龙胆	*Gentiana leucomelaena*
		花锚	*Halenia corniculata*
百合科	Liliaceae	高山韭	*Allium sikkimense*
茜草科	Rubiaceae	拉拉藤	*Galium aparine*

续表

科名	Family	种名	Species
豆科	Leguminosae	高山豆	*Tibetia himalaica*
		多枝黄耆	*Astragalus polycladus*
		棘豆	*Oxytropis*
虎耳草科	Saxifragaceae	梅花草	*Parnassia palustris*
玄参科	Scrophulariaceae	马苋蒿	*Pedicularis reaupinanta*
		小米草	*Euphrasia pectinata*
唇形科	Labiatae	独一味	*Lamiophlomis rotata*
菊科	Compositae	星状雪兔子	*Saussurea stella*
		乳白香青	*Anaphalis lactea*
		火绒草	*Leontopodium leontopodioides*
		褐毛垂头菊	*Cremanthodium brunneo - pilosum*
大戟科	Euphorbiaceae	乳浆大戟	*Euphorbia esula*
牻牛儿苗科	Geraniaceae	老鹳草	*Geranium wilfordii*